T0.50

WUNDERWELT DER AMEISEN

Franz R. Schmid

parkland

Umschlagfoto: Rotbraune Sklavenameise mit einer Puppe. Die außergewöhnliche Aufnahme dieser Arbeiterin mit eigener Brut außerhalb des Nestes ist gemacht worden, während ihre Kolonie von der Amazonenameise überfallen und geplündert wurde. Um die Brut vor dem Feind zu retten, sind zahlreiche Arbeiterinnen auf die Gräser um das Nest gestiegen.
(Foto: Franz R. Schmid)

Fotos:
Buschinger 65
Hutchins 82
Müller 31 o., 35 u., 51 u., 67 o., 83
Pfletschinger 51 o., 55, 59, 75 o.
Schmid 6, 11, 23, 26 f., 31 u., 35 o., 43, 56, 67 u., 75 u., 87
Zbinden 13, 32, 41

Strichzeichnungen:
Franz R. Schmid

parkland

3. Auflage, 1992

Herstellung: Druckerei Ernst Uhl, Radolfzell
ISBN 3-88059-673-5

Inhalt

Franz R. Schmid, geboren 1955, ist Lehrer. Schon als Dreizehnjähriger begann er Käfer zu sammeln. Bald wandte sich sein Interesse den Ameisen zu. Er arbeitete an der Renovation der Ameisensammlungen in den naturhistorischen Museen von Genf und Bern mit und besitzt eine der größten Privatsammlungen schweizerischer Ameisenarten. Seine Studie über Lasius carniolicus, eine seltene Ameisenart, und die systematische Sammlung von Schweizer Ameisen wurden 1975 am Wettbewerb «Schweizer Jugend forscht» und am «European Philips Contest for young Scientists and Inventors» mit je einem ersten Preis ausgezeichnet.

Gehe hin zur Ameise, du Fauler, und lerne. Wenn sie auch keinen Fürsten noch Hauptmann noch Aufseher hat, bereitet sie doch ihr Brot im Sommer und sammelt ihre Speise in der Ernte.

Sprüche Salomos, 6.6

Diese Salomonische Aufforderung will auch heute noch ernstgenommen werden. Jede Naturbeobachtung und Forschung, die nicht materiellen Profit zum Ziele hat, ist ein Dienst an Gottes Natur. Daß es heute sehr wohl noch Menschen gibt, die sich zu eigenen Beobachtungen von Aussehen und Leben der Ameisen anleiten lassen, hat mir das durchaus erfreuliche Echo auf die erste Auflage dieses Bändchens bestätigt.
Mein Lehrer der Ameisenkunde ist Herr Dr. H. Kutter gewesen. In seinem hohen Alter hat er die Wissenschaft der Ameisen mit wesentlicher Fachliteratur ergänzt, und in rund achtzig Briefen hat er mir während 15 Jahren postwendend auf meine Fragen geantwortet. Dr. Kutter war seinerseits ein Schüler des weltberühmten Ameisenforschers und Sexualaufklärers Prof. Dr. A. Forel, dessen Porträt auch auf der größten Schweizer Banknote (1000 sFr.) zu sehen ist. Neben Herrn Dr. Kutter danke ich auch den Herren Prof. Dr. W. Sauter (Zürich), Dr. D. Cherix (Lausanne), Dr. U. Nagel (Zürich) und Dr. C. Baroni-Urbani (Basel) für wertvolle Anregungen, die ich in dieser zweiten Auflage berücksichtigen konnte. Schließlich danke ich dem Verlag, der sich bemüht hat, alle Verbesserungen in dieser Neuauflage vorzunehmen.
Den lieben Leserinnen und Lesern wünsche ich große Freuden beim Entdecken. Mögen die Ameisen auch Ihre Freundinnen und Freunde werden!

Ittigen, November 1984

Franz R. Schmid

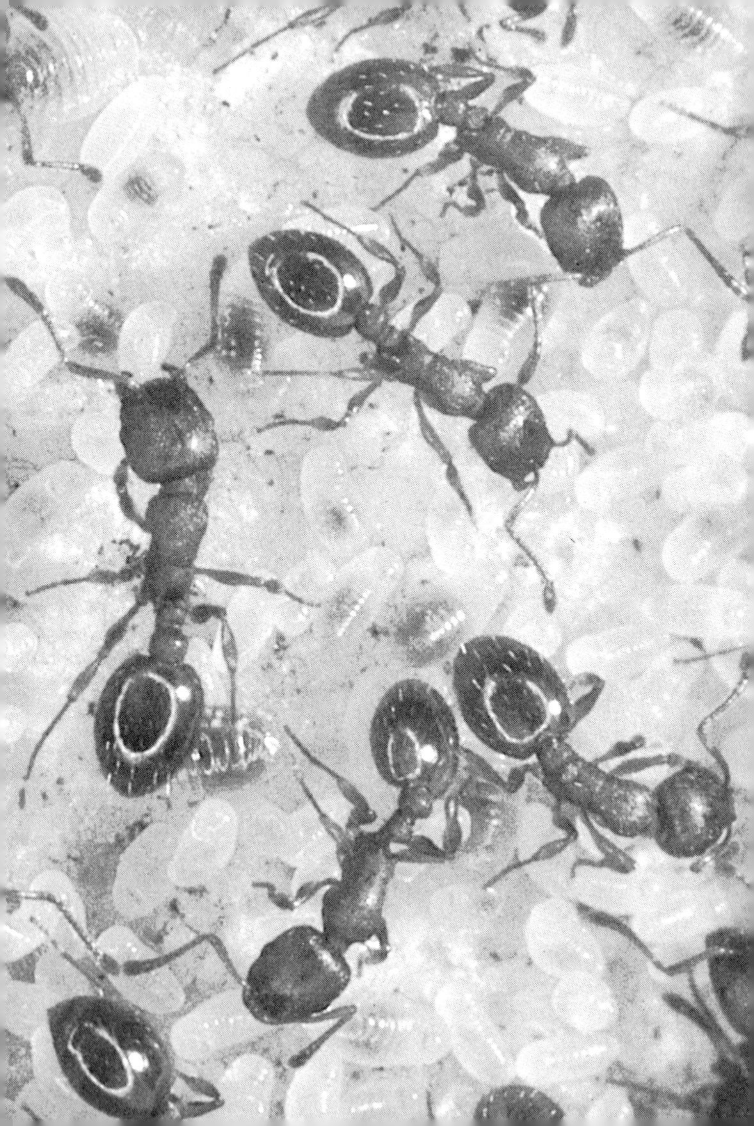

Wir und die Ameisen

In einem amerikanischen Science-fiction-Film wird gezeigt, wie — ausgelöst durch kosmische Einflüsse — bei Ameisen eine unheimliche Veränderung geschieht: Sie werden fähig, intelligent zu denken. Planmäßig beginnen sie die Einrichtungen der Menschen zu zerstören. Eine Gruppe von Wissenschaftlern, ausgerüstet mit modernsten Einrichtungen, bekämpft die unheimlichen Insekten. Doch die Ameisen gewinnen die Oberhand über die Menschen mit ihren computergesteuerten chemischen Vernichtungswaffen. Die Kombination von Intelligenz, straffer Organisation und der Riesenzahl von Individuen macht die Ameisen unschlagbar.

Auch früher hat es nicht an Versuchen gefehlt, den Ameisenstaat mit einem menschlichen Staat zu vergleichen. Die Reaktionen auf solche Vergleiche reichten von Bewunderung, wie sie das berühmte Salomo-Zitat ausdrückt, bis zur Abscheu vor der totalen Organisation des Ameisenstaates, in dem das einzelne Individuum nichts zählt und sich völlig in den Dienst des Gemeinwesens stellt. Die Ähnlichkeit mit totalitären Staaten scheint offensichtlich zu sein.

Zwar beruhen alle Gesellschaften auf den Möglichkeiten, sich zu verständigen, und auf der Arbeitsteilung, doch genauer betrachtet unterscheiden sich gerade diese beiden Eigenschaften zwischen Menschen- und Ameisenstaaten erheblich. Der entscheidende Fehler bei solchen Vergleichen ist der, daß der Betrachter, verführt durch oberflächliche Ähnlichkeiten, die Ameisen als eine Art Menschen im Mini-Format betrachtet und sich zuwenig bewußt ist, daß die Staatengebilde der Ameisen auf ganz anderen Wegen entstanden sind und völlig anders funktionieren als die des Menschen. Zielgerichtetes, intelligentes Handeln im menschlichen Sinne ist ihnen fremd; ihr Verhalten wird hauptsächlich durch erblich festgelegte Programme, sogenannte Instinkte, gesteuert. Trotzdem sind Ameisen keine reinen Reflexautomaten: Sie sind fähig, Sinneseindrücke in ih-

Links: Arbeiterinnen bei der Brutpflege (Leptothorax)

rem Gehirn zu speichern und ihr Verhalten sinnvoll an sich verändernde Umweltbedingungen anzupassen, also zu lernen.
Nach Ansicht der Soziobiologie, eines modernen Wissenschaftszweigs, der die biologischen Bedingungen des Zusammenlebens in Gruppen erforscht, beruht die enge Zusammenarbeit im Ameisenstaat auf der großen Zahl von Genen, die die einzelnen Individuen gemeinsam haben. Alle Arbeiterinnen einer Kolonie oder eines Teils davon stammen ja von derselben Königin ab, und da sie sich selber nicht fortpflanzen können, tragen sie zum Überleben der Art dadurch bei, daß sie sich altruistisch (d. h. uneigennützig) ganz in den Dienst des Staates stellen. Der menschliche Altruismus dagegen ist, so der Soziobiologe E. O. Wilson, begründet auf «der durch die Intelligenz ermöglichten Fähigkeit des Menschen, mit seinen Konkurrenten Allianzen einzugehen und Kompromisse zu schließen». Typisch für den Menschen sei zudem, «daß die Arbeitsteilung mit dem Vorteil für den einzelnen und nicht mit dem Vorteil einer Gruppe gekoppelt ist». Abgesehen davon, daß es *den* normalen Ameisenstaat ebensowenig gibt wie *den* Durchschnittsmenschen der Statistik, sind Insekten und Wirbeltiere auch keine Evolutionskonkurrenten: In jedem eingehenden Vergleich zwischen Ameisen- und Menschenstaat werden also die Unterschiede gegenüber den Gemeinsamkeiten überwiegen. Diese Andersartigkeit verbietet denn auch, die eine Gesellschaft mit einem Werturteil über oder unter die andere zu stellen.
Unser Wissen über die Ameisen befindet sich noch immer an einem bescheidenen Anfang, und dieses Taschenbuch kann nur über einen kleinen Teil dieses Wissens berichten. Dies soll ein Ansporn zu eigenen Beobachtungen und Forschungen sein. Nur wenn wir die Ameisen in der Natur mit eigenen Augen beobachtet haben, werden sie uns zum wirklichen Erlebnis. Trotz aller nüchternen Erkenntnisse der modernen Wissenschaft werden wir staunen über ein Lebewesen, das wir in seiner Fremdartigkeit nie ergründen können.

Die Ameise und ihre Umwelt

Die hochentwickelten Lebensäußerungen und teilweise eigentümlichen Fähigkeiten der Ameisen haben verschiedene Ursachen. Nicht nur ihre jahrmillionenalte Entwicklungsgeschichte und ihre Eigenart, in Staaten zu leben, sondern auch ihre hohe Lebenserwartung haben zu einer erstaunlichen Anpassungsfähigkeit in den verschiedenen Biotopen geführt. Die Verbreitung der Ameisen reicht von den Tropen, mit dem größten Artenreichtum, und vom tiefsten Süden Amerikas bis in die Arktis. Mit ihrer belebten und unbelebten Umwelt sind die Ameisen eng verbunden, teilen sie doch den Boden (oder auch den Lebensraum Baum) immer auch mit anderen Lebewesen.
Die verschiedenen Ameisenarten unterhalten, besonders im Zusammenhang mit Koloniegründung und Nestbau, enge Beziehungen untereinander, aber auch zu anderen Tieren und Pflanzen. So leben beispielsweise gewisse Käferarten und Schmetterlingsraupen als «Gäste» in Ameisennestern, und Baumstrünke, Nadelbäume, Moosdecken usw. bieten Schutz und liefern Nestmaterial. Verschiedene Pflanzen haben sich sogar an das Zusammenleben mit Ameisen angepaßt durch Bildung von Nektar und besonderen Samenanhängseln, den sogenannten Elaiosomen, die den Ameisen als Nahrung dienen.
Die Ameisen lassen sich aus der Natur nicht wegdenken: Williams schätzte 1965, daß von den etwa 10^{18} auf der Erdoberfläche lebenden Insekten 10^{15} Ameisen sind.

«Nützlinge» oder «Schädlinge»?

Die Rolle der Waldameisen als Schädlingsvertilger ist seit geraumer Zeit bekannt. So hat der Ameisenforscher Escherich geschätzt, daß ein großes Volk an einem einzigen Sommertag bis zu hunderttausend Beutetiere ins Nest schaffen kann, die größtenteils zu den Forstschädlingen zählen. So wird oft in einem über hundert Meter messenden Umkreis einer solchen Kolonie verheerender Schadfraß verhindert. Erst in jüngerer Zeit aber hat man diesem Umstand außer durch gesetzliche Bestimmungen auch durch gezielten Schutz der Waldameisen — sogenannte Ameisenhege — Rechnung getragen. Der bedrohliche

und anhaltende Rückgang der Waldameisen ist oft auf mutwillige Zerstörung ihrer Bauten durch Spaziergänger, auf die Gewinnung von Ameisensäure und -puppen und die waldnahen, lichtschluckenden und zuweilen mit Insektiziden behandelten Monokulturen zurückzuführen. Diese Entwicklung hofft man nun durch Anstrengungen des World Wildlife Fund (WWF), in der Bundesrepublik Deutschland auch durch Initiative des Würzburger Ameisenschützers Professor Gößwald und in Italien durch Pavan aufhalten zu können, die sich darum bemühen, daß Waldameisen in Massenzuchten vermehrt und ausgesetzt werden. Als nach planlosem Abholzen großer Wälder in den Abruzzen wieder aufgeforstet werden sollte, kam man nicht ohne gleichzeitige «biologische Schädlingsbekämpfung» durch Ansiedeln von Waldameisen aus; die ersten Jungtannen waren nämlich ohne den Schutz durch Ameisen von Raupen kahlgefressen worden.
Es gibt aber auch Ameisen, die gerade dem Menschen eher unangenehm werden können. Beispiele dafür sind die Argentinische Ameise, die beißenden und schmerzhaft stechenden Feuerameisen *(Solenopsis)* und auch die bei uns eingeschleppte Pharaoameise, die in den Häusern größerer Städte, in Gärtnereien und besonders in Spitälern wegen der Verbreitung von Infektionskeimen eher lästig als gefährlich ist. Doch sollte man im Sinne der «Gleichberechtigung aller Arten» darauf verzichten, zwischen «schädlichen» und «nützlichen» Tierarten zu unterscheiden.

Rechts oben: Verschiedene Ameisenarten sehen oft zum Verwechseln ähnlich aus. Hier handelt es sich sogar um Vertreter von zwei verschiedenen Unterfamilien: Die oberen vier Tiere sind Herzgasterameisen und gehören somit zu den Knotenameisen; das Tier unten links, die Rotköpfige Roßameise (Camponotus lateralis), zählt zu den Schuppenameisen.

Rechts unten: Allen Ameisen gemeinsam sind ihre Dreiteiligkeit, das Stielchenglied und die allen erwachsenen Insekten eigene Sechsbeinigkeit (Blutrote Raubameise).

Der Körperbau

Was eine Ameise ist, scheint auf den ersten Blick klar zu sein. Doch können Termiten, gewisse Wanzen- und Käferarten, vor allem aber viele kleine Wespen — zumal wenn sie flügellos sind — den Ameisen zum Verwechseln ähnlich sehen. Die Unterschiede lassen sich oft erst unter der Lupe erkennen.
Ameisen sind Insekten. Dieses Wort, vom lateinischen *insecare* (einschneiden) abgeleitet, spielt auf die beiden «Einschnitte» an, die das Tier in drei Hauptabschnitte gliedern: in Kopf, Brustabschnitt und Hinterleib. Jeder dieser Abschnitte besteht aus mehreren zusammengesetzten Einzelgliedern, sogenannten Segmenten, was vor allem am Hinterleib deutlich zu erkennen ist. Auch die Ameisenlarven (siehe S. 34) sind in Segmente gegliedert.

Systematische Stellung der Ameisen (vereinfacht)

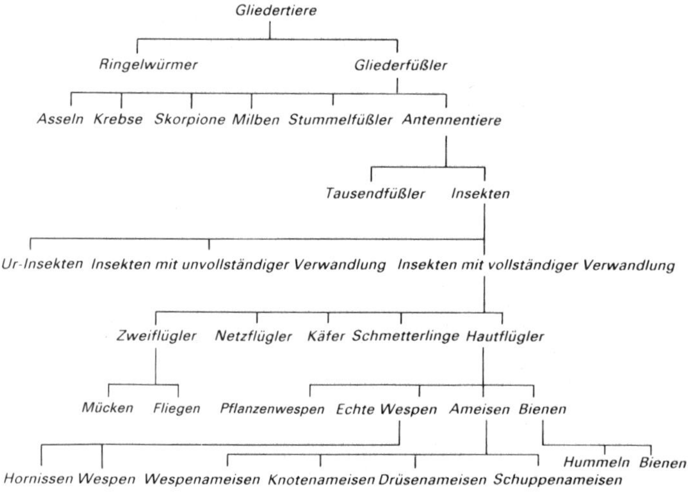

Rote Waldameise (Formica rufa) von oben und von unten.

*A Fühlergeißel aus 11 Einzelgliedern,
B Fühlerschaft (erstes verlängertes Fühlerglied),
C Oberkiefer,
D Oberlippe,
E Facettenauge oder Komplexauge,
F Punktauge, G Hüfte,
H Oberschenkel,
I Unterschenkel, K erstes, verlängertes Fußglied,
L letztes (5.) Fußglied mit paariger Kralle,
M Putzapparat (zwischen Vorderfuß und Unterschenkel),
N Segmente,
O Stielchenglied*

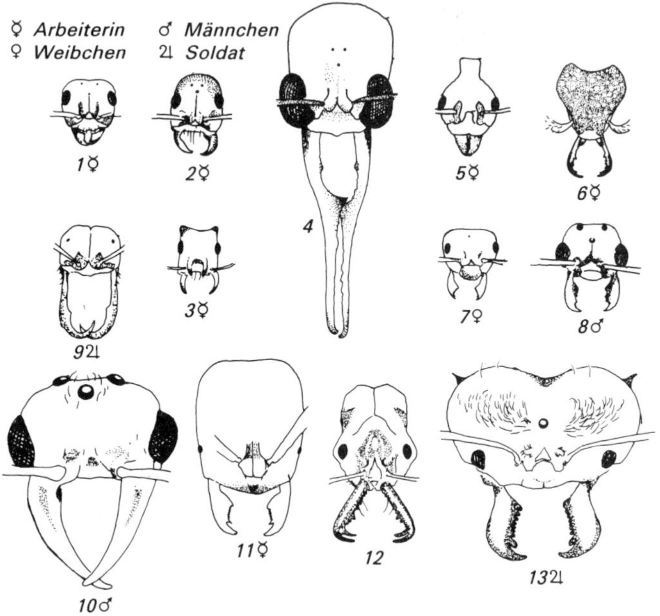

Porträts und Kieferformen verschiedener Ameisenarten:
1 Blutrote Raubameise (Formica sanguinea), 2 Amazonenameise (Polyergus rufescens), 3 Strongylognathus testaceus (UF. Knotenameisen), 4 Harpegnathus cruentatus (nach Goetsch, verändert), 5 Dolichoderus attelaboides* (nach Wheeler aus Forel, verändert), 6 Epitritus argiolus (nach Kutter, verändert), 7 Glänzendschwarze Holzameise (Lasius fuliginosus), 8 Schwarze Wegameise (Lasius niger), 9 Treiberameise* (Eciton hamatum, nach Wheeler aus Forel, verändert), 10 Wanderameise* (Anomma nigricans), 11 Schmalspurameise (Ponera coarctata), 12 Odontomachus-Art*, 13 Blattschneiderameise* (Atta cephalotes). * außereuropäische Arten.*

Bei dieser Darstellung geht es nicht um die Größe der Köpfe, sondern um die verschiedenen Proportionen. Deshalb wurde die Distanz von der Mitte des Facettenauges zum Ansatz der Oberlippe konstant gehalten; die Köpfe sind also in verschiedenen Maßstäben vergrößert.

Die äußere Schicht der Segmente besteht aus Sklerotin, einer zähen, harten Substanz. Dieser starre Panzer kann weder wachsen noch zusammengezogen werden. Was die Ameisen gegenüber allen anderen Insekten auszeichnet, ist das Stielchenglied (Petiolus und Postpetiolus), das Brustabschnitt und Hinterleib miteinander verbindet. Dieses Zwischenglied kann ein- oder zweiteilig und bei verschiedenen Ameisen von ganz unterschiedlicher Gestalt sein. Eine weitere, weniger auffällige Besonderheit der Ameisen: Ihr Brustabschnitt besteht nicht, wie bei allen anderen Insekten, aus drei, sondern aus vier Segmenten. Ameisen besitzen wie die meisten Insekten zwei Arten von Augen: zusammengesetze Facettenaugen und Punktaugen. Bei vielen Arten fehlen die Punktaugen, andere sind überhaupt blind. Auch die Beine, Antennen und Kiefer (siehe Abbildung) sind im einzelnen von unterschiedlichster Gestalt. Im Unterschied zu anderen Insekten sind Ameisen nur selten mehr als zweifarbig. Ihre Körperfarbe erlaubt ihnen meist eine ausgezeichnete Tarnung in ihrem Lebensraum. So unterschiedlich wie die Lebensräume sind auch die Färbungen der einzelnen Ameisenarten: Es gibt rote und schwarze, aber auch gelbe und sogar grüne Ameisen. Die kleinsten Ameisen messen nicht einmal einen Millimeter, die größten über 7 Zentimeter. Die Ameisen und die anderen Hautflügler sind übrigens mit den Termiten nicht näher verwandt, als daß auch sie zu den Insekten gehören. Diese beiden Insektengruppen haben also den Sozialstaat völlig unabhängig voneinander entwickelt.

Die Kasten

Die meisten Ameisen sind flügellos. Doch an sonnigen Nachmittagen, im Gewimmel um den Eingang eines Ameisennestes, sind flügeltragende Ameisen kein seltener Anblick. Dabei handelt es sich nicht etwa um Vertreter einer geflügelten Art, die sich ins Nest der «Flügellosen» verirrt haben, sondern immer um die Weibchen oder Männchen dieser Ameisenart. Geflügelte Geschlechtstiere gibt es bei jeder Ameisenart. Nur in wenigen Ausnahmefällen sind entweder die Männchen oder die Weibchen flügellos. Doch ist bisher keine einzige Ameisenart bekannt, bei der beide Geschlechter flügellos sind. Genauge-

Bestimmungstabelle für die Kastenzugehörigkeit

	Merkmale	*Kaste*
1a	Geflügelt	*Geschlechtstiere (siehe 4)*
1b	Flügellos	*Weibchen (siehe 2)*
2a	Jederzeit zahlreich, auch außerhalb des Nestes. Relativ klein (verglichen mit anderen Kasten der Art), Punktaugen oft undeutlich oder fehlend	☿ *Arbeiterin (siehe 3)*
2b	Brustabschnitt und Hinterleib relativ groß, an der Brust evtl. Ansatzstellen früherer Flügel sichtbar. Nicht außerhalb des Nestes	♀ *Königin = begattetes Vollweibchen*
3a	Kopf von «normaler» Größe	☿ *normale Arbeiterin*
3b	Kopf durch starke Kiefermuskulatur stark vergrößert (nur bei gewissen Arten)	♃ *Soldat = Unterkaste der Arbeiterinnen*
4a	Körper dunkelbraun oder schwarz, bei Seitenansicht schlank, schlanke Fühler und Beine. Fühlergeißel oft kurz. Auffallend große Facettenaugen. Am Ende des Hinterleibs Genitalien (Geschlechtsapparat)	♂ *Männchen*
4b	Auffallend geräumiger Brustabschnitt. Fühlerschaft länger als zwei Drittel der Geißel. Keine Genitalien sichtbar	♀ *Vollweibchen, unbegattet*

*Drei Ameisenkasten: ☿ Arbeiterin, immer flügellos, ♀ unbegattetes Weibchen, in der Regel geflügelt (begattete Weibchen = Königinnen sind immer flügellos); ♂ Männchen, in der Regel geflügelt.
Körperteile: A Antenne oder Fühler, B Oberkiefer, C Oberlippe, D Unterkiefer, E Unterlippe, F Unterkiefertaster, G Lippentaster, H Putzapparat, J Flügelhäkchen zum Verkoppeln von Vorder- und Hinterflügel beim Flug (Formica rufa).*

nommen sind nicht die Flügel, sondern ist die Flügellosigkeit das Besondere: Sie weist auf die Tatsache hin, daß es außer Weibchen und Männchen noch weitere Formen gibt. Diese verschiedenen, nach Aussehen und Aufgabe voneinander unterscheidbaren Gruppen in einem Ameisenstaat werden «Kasten» genannt. Die in einem Ameisenstaat normalerweise am häufigsten vorkommende Kaste sind die Arbeiterinnen. Es sind flügellose, oft kleinwüchsige Weibchenformen, deren Geschlechtsorgane nicht voll ausgebildet sind.
Im Normalfall weist die Kaste der Vollweibchen, das heißt der befruchtungsfähigen Weibchen, die größten, die Kaste der Arbeiterinnen die kleinsten Tiere auf. Die Größenunterschiede können oft verblüffend sein. So mißt das Weibchen einer Carebaraart zwei Zentimeter, während ihre Arbeiterinnen höchstens zwei Millimeter lang, also mindestens zehnmal kürzer sind. Einige Ameisenarten haben sogar überhaupt keine Arbeiterinnen.

Die inneren Organe

Am harten Außenskelett der Ameisen greifen die Muskeln von innen an, nicht von außen wie bei uns. Verästelte Netze von feinsten Luftkanälchen, sogenannte Tracheen, durchdringen jedes Segment und münden in mehreren auf den Seiten des Brustabschnittes und des Hinterleibes liegenden Öffnungen. Deutlich ist eine solche Öffnung an der Seite des hintersten Brustsegmentes zu erkennen, wo sie als feines Loch im Chitinpanzer in Erscheinung tritt. Die Tracheen leiten den Sauerstoff direkt an jene Stellen, an denen er zum Antrieb der Körpervorgänge benötigt wird. Bei uns wird diese Aufgabe vom Blutkreislauf übernommen. Das Ameisenblut transportiert dagegen lediglich Nähr- und Abfallstoffe. Die farblose Flüssigkeit wird durch einen muskulösen Herzschlauch vom Brustabschnitt durch den Kopf, das Gehirn, die Antennen, die große Beinmuskulatur und den Engpaß des muskulösen Stielchengliedes bis in den Hinterleib gepumpt. Dort wird sie mit neuen Nährstoffen befrachtet und von den Abfallstoffen befreit. Vom Hinterleib fließt das Blut schließlich zum Brustabschnitt zurück. Das «Herz» besteht aus mehreren pulsierenden kleinen Verdickun-

gen des Herzschlauches, die beim Fliegen durch die daran befestigten Flügelmuskeln zu größerer Förderleistung angetrieben werden.
Da sich die beiden Mägen der Ameise im Hinterleib befinden, muß die in der sogenannten Propharynxdrüse schon vorverdaute Nahrung in der Speiseröhre zwei Engpässe überwinden: den Einschnitt zwischen Kopf und Brustabschnitt und das Stielchenglied.
Die Lebensvorgänge im Ameisenkörper werden durch Sekrete, Hormone und nervöse Schaltstellen (Ganglien) gesteuert, die durch Nervenstränge miteinander verbunden sind. Die Brustganglien steuern in erster Linie die Bewegung der Beine, einige Ganglien des Hinterleibes sind für die Verdauung zuständig,

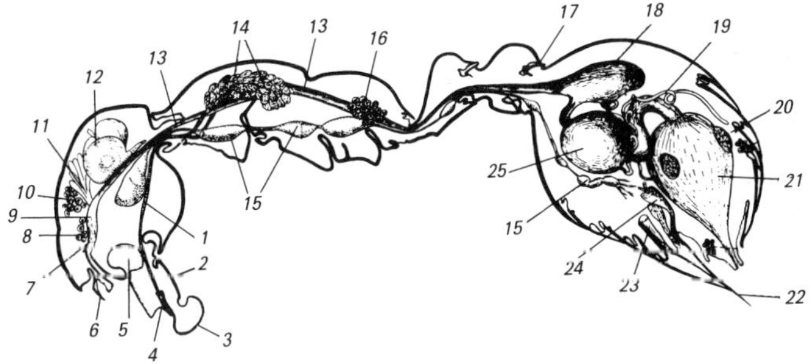

Längsschnitt durch den Körper einer Ameise Manica rubida (schematisiert, aus K. Escherich):
1 Speichelgang, 2 Unterlippe, 3 Zunge, 4 Mündung der Speicheldrüse, 5 Infrabuccaltasche, 6 Oberlippe, 7 Pharynxdrüse, 8 Maxillardrüse, 9 Schlund, 10 Mandibulardrüse, 11 Schlunddrüse, 12 Gehirn (Oberschlundganglion), 13 Speiseröhre, 14 Speicheldrüse, 15 Bauchganglien, 16 Metathoracaldrüse, 17 Stridulationsorgan, 18 Kropf (auch «sozialer Magen» oder Pumpmagen genannt), 19 Malpighische Gefäße (Ausscheidungsorgane), 20 Enddarmdrüsen, 21 Enddarm, 22 Stachel, 23 Vagina, 24 Giftdrüse, 25 Magen.

und das größte Ganglion, das eigentliche Gehirn, verarbeitet die durch die Facettenaugen und Antennen empfangenen Umwelteindrücke. Größe und Leistungsfähigkeit des Gehirns, das sich im Kopf oberhalb des Schlundes befindet, unterscheiden sich bei den verschiedenen Kasten beträchtlich. Das Höchstmaß an Sensibilität und Verhaltensspielraum zeigen die Arbeiterinnen. Wesentlich geringer sind diese Fähigkeiten bei den Weibchen oder gar bei den Männchen.
Den Drüsen kommen, besonders im Zusammenhang mit der Ernährung, dem gegenseitigen Erkennen und der Verteidigung, wichtige Steuerfunktionen zu. Die Giftdrüse enthält bei Schuppenameisen Ameisensäure und andere Substanzen wie Alarm- und Spurduftstoffe. Bei primitiveren Arten mündet die Giftdrüse in einen Giftstachel. Dieser läßt sich stammesgeschichtlich auf einen Legeapparat zurückführen, was die Tatsache erklärt, daß nur weibliche Ameisen einen Stachel besitzen.

Die systematische Einteilung

Europa ist, wenn auch sehr dicht besiedelt, mit etwa zweihundert Ameisenarten ein relativ artenarmer Kontinent. Weltweit wird die Zahl der zurzeit lebenden Ameisenarten auf über zehntausend geschätzt. Unter einer Art verstehen die Biologen eine Gruppe von Lebewesen, die miteinander eine Fortpflanzungsgemeinschaft bilden.
Da gewisse Arten einander zum Verwechseln ähnlich sehen und selbst von Spezialisten unter dem Mikroskop nicht auseinandergehalten werden können, zieht man neuerdings zur Beschreibung von Ameisenarten auch Verhaltensmerkmale heran, da sich hier oft die größten Unterschiede zeigen — auch bei Arten, die einander äußerlich sehr ähnlich sehen.
Die in Europa vorkommenden Arten lassen sich in vier Unterfamilien einteilen:

Wespenameisen *(Ponerinae)*
Knotenameisen *(Myrmicinae)*
Drüsenameisen *(Dolichoderinae)*
Schuppenameisen *(Formicinae)*

Zu den Wespen- und den Drüsenameisen zählen in Europa lediglich 20 Arten; die übrigen 180 Arten gehören den Knoten- und den Schuppenameisen an, die auch weltweit die größten Unterfamilien bilden. Die Knotenameisen werden ferner in etwa 25, die höchstentwickelte Unterfamilie der Schuppenameisen wird in etwa 10 Gattungen unterteilt.
Der folgende Bestimmungsteil berücksichtigt nur die häufigeren Ameisenarten Europas. Der wissenschaftliche Name einer Ameisenart besteht aus zwei Teilen: dem Gattungs- und dem Artnamen. Wo nur der Gattungsname angegeben ist, gefolgt von der Abkürzung sp. (species), handelt es sich um eine mit dem Foto nicht näher bestimmbare Art der entsprechenden Gattung. (Außereuropäische Arten, die im Buch erwähnt werden, siehe Sachwortverzeichnis.)
Beim Bestimmen der Ameisen wollen wir uns mit dem begnügen, was sich mit einer einfachen Lupe von 3- bis 5facher Vergrößerung erkennen läßt.

Bestimmungsmerkmale für die Unterfamilien

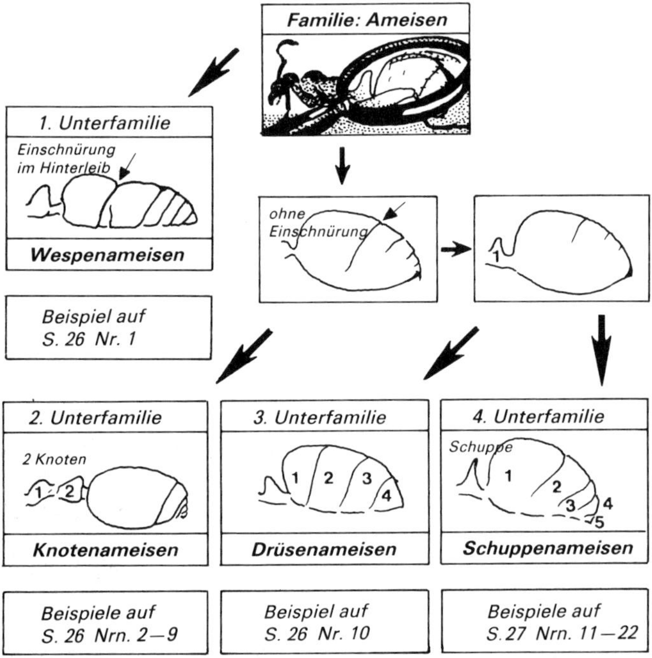

Rechts oben: Ameise geriet in ein Harztröpfchen (Lasius fuliginosus). Rechts unten: Im Tertiär geriet diese Ameise in das Harz eines Baumes und wurde als Bernsteineinschluß konserviert (Dolichoderus tertiarius). Aus Bernstein sind Ameisen bekannt, die vor etwa 135 Millionen Jahren, also schon vor der Kreidezeit (zur Blütezeit des Sauriers), gelebt haben. Menschen gibt es erst seit rund einer Million Jahren.

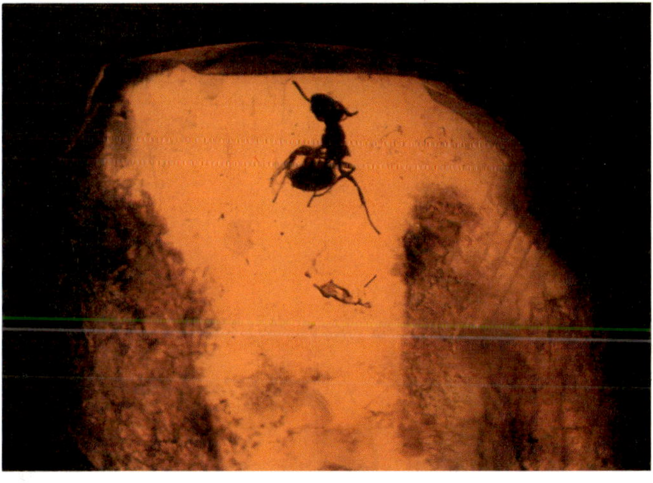

Damit kann jede Ameise zumindest der richtigen Unterfamilie zugeordnet werden. Da sich die Kasten besonders der höherentwickelten Unterfamilien erheblich voneinander unterscheiden, wäre grundsätzlich für jede einzelne Kaste eine besondere Bestimmungstabelle erforderlich. Wir halten uns an die häufigste Kaste, die Arbeiterinnen, auch wenn diese nicht die am leichtesten erkennbaren Unterscheidungsmerkmale besitzt. Bei den Längenangaben handelt es sich jeweils um die Körperlänge (Kiefer bis Hinterleibsende) einer nüchternen Arbeiterin. Der Abbildungsmaßstab beträgt 4,5:1. Die Pfeile verweisen auf typische Merkmale. Bei jeder Bestimmung empfiehlt es sich, mehrere Arbeiterinnen aus der gleichen Kolonie zu betrachten.

Bestimmungstafel siehe folgende Doppelseite

1 Schmalspurameise *Ponera coarctata*
Länge: 2,5—3,5 mm. Schwärmt Ende August. Verborgene, unterirdische Lebensweise in kleinen Erdnestern. Kolonien meist nur mit einem bis wenigen Dutzend Individuen. Weibliche Tiere schlüpfen blaßgelb aus dem Kokon und verfärben sich erst nach einigen Wochen dunkelbraun bis schwarz. Ihre Augen sehen schlecht und weisen je nur 1—5 Facetten auf.

2 Wegknotenameise *Manica rubida*
Länge: 5—9 mm. Schwärmt Mai bis Juli. Auf steinigem und sandigem, meist trockenem Boden. Nester häufig an Straßenrändern ohne Aushub. Nacktpuppen. Stich schmerzhaft (sticht Menschen allerdings nur selten).

3 Rote Knotenameise *Myrmica sp.*
Länge: 3,5—5,5 mm. Schwärmt Juli bis Oktober, meist vormittags. Erdnester meist unter Steinen. Nacktpuppen. Je nach Art mehr oder weniger angriffig; sticht nur, wenn bedroht.

4 Ernteameise *Messor sp.*
Länge: 3,5—11,5 mm. Gut ausgebildete Soldatenkaste. Sammelt Getreidekörner als Nahrungsvorrat. Regional verbreitet, besonders häufig in Mittelmeerländern.

5 Italienische Hausameise *Pheidole pallidula*
Länge: 2—4 mm. Gut ausgebildete Soldatenkaste. Bevorzugt sandigen, steinigen Boden an trockenen Stellen und Hausmauern. Regional weit verbreitet, besonders in Südfrankreich, der Südschweiz und in Italien.

6 Herzgasterameise *Cremastogaster scutellaris*
Länge: 3,5—5,5 mm. Schwärmt August bis September. Im Süden regional weit verbreitet. Häufig an Hausmauern.

7 Rasenameise *Tetramorium caespitum*
Länge: 2,5—3,5 mm. Schwärmt Juni und Juli. Selbständige Koloniegründung. Verschieden gefärbte Rassen, von hellem Rötlichbraun bis Schwarz. In Wiesen und Wäldern sehr anpassungsfähig; Erdnester.

8 Diebsameise *Diplorhoptrum fugax*
Länge: 1—2 mm. Schwärmt September und Oktober. Selbständige Koloniegründung. Baut ihre Nester meist in Nestern fremder, größerer Ameisenarten.

9 Schmalbrustameise *Leptothorax sp.*
Länge: 1,5—4,5 mm. Schwärmt Juni bis August. Baut Nester in zu Boden gefallenen Zweigen von Laubbäumen, unter Moosdecken, auf Steinen oder unter der Baumrinde alter Baumstrünke.

10 Schwarze Weichameise *Tapinoma erraticum*
Länge: 2,5—3,5 mm. Selbständige Koloniegründung. Mit 100 Facetten je Auge relativ gutes Sehvermögen im Vergleich zu ihrer geringen Größe. Nacktpuppen. Meist in steinigen, sonnigen Wiesen. Regional weit verbreitet.

1

2

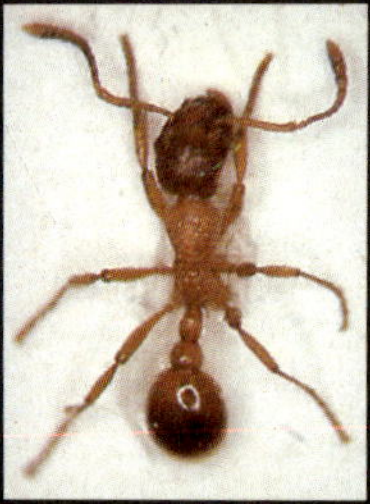

3

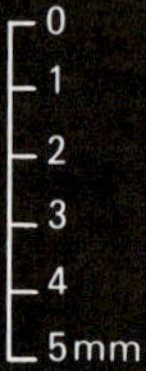

5a

6

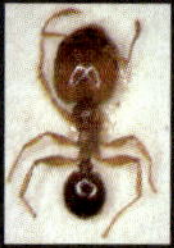

5b

4a

4b

7

8

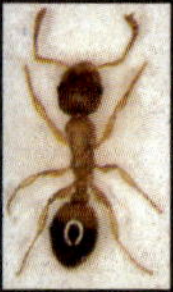

9

10

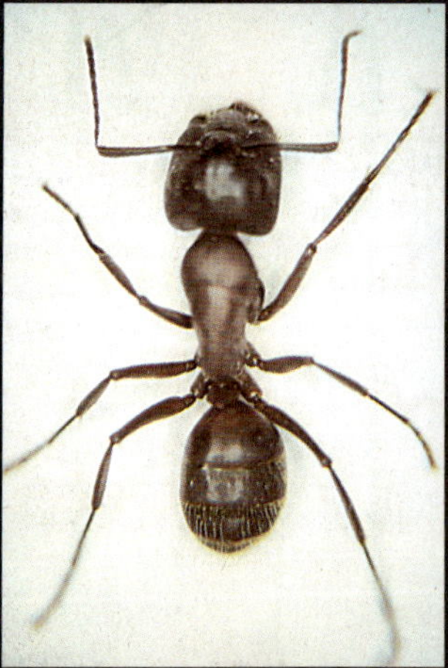

11b

11a

12

13

14

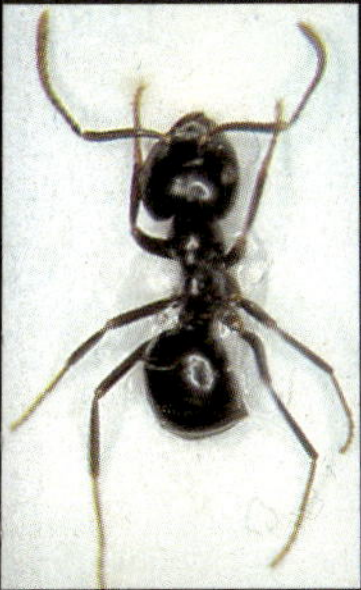
15

16

17

18

19

20

21

22

11 Riesen-, Roß- oder Klammerameise *Camponotus sp.*
Länge: 5—14 mm. Soldaten ausgeprägt. Schwärmt Mai bis August. Selbständige Koloniegründung. Nest in lebenden oder toten Baumstrünken, seltener unter Steinen. Kokonpuppen. Kommt bis 2400 m ü. M. vor. Orientiert sich dank guten Augen weitgehend nach dem Gesichtsfeld. Je nach Art und Individuum kann das vorderste Hinterleibssegment mehr oder weniger rötlich gefärbt sein.

12 Garten- oder Schwarze Wegameise *Lasius niger*
Länge: 3—5 mm. Schwärmt Juli bis September; nachmittags. Selbständige Koloniegründung. Baut bis 30 cm hohe Erdhügel, die an Termitenbauten erinnern, oder unter Steinen; meistens zwischen Gräsern. (Die sehr ähnliche, unbehaarte Art *L. alienus* ist durchschnittlich 1 mm kleiner.)

13 Braune Holzameise *Lasius bruneus* und *L. emarginatus*
Länge: 2,5—4,5 mm. Schwärmt Mai bis Juli. *L. bruneus* morgens, *L. emarginatus* vor Mitternacht. Baut meist in altes Holz, nicht selten im Gebälk von Häusern.

14 Gelbe oder Rotgelbe Wiesenameise *Lasius flavus, L.-umbratus-Gruppe*
Länge: 2—5 mm. Schwärmt Mai bis Oktober. Selbständige Koloniegründung. In der Standortwahl sehr anpassungsfähig.

15 Glänzendschwarze Holzameise *Lasius fuliginosus*
Länge: 4—6 mm. Schwärmt Juni und Juli; frühnachmittags, abends oder nachts. Unverwechselbarer Geruch, der wahrscheinlich der Verteidigung dient. Holzzerstörend. Baut riesige, selbstgefertigte Kartonnester in alte Baumstrünke.

16 Schwarze Sklavenameise *Formica fusca* und *F. cinerea*
Länge: 3,5—6,5 mm. Schwärmt Juni bis August. Selbständige Koloniegründung. Große Komplexaugen mit sehr zahlreichen Facetten. Bevorzugt mageren, sandigen Boden, meist unter Steinen. Sehr häufig an Straßenrändern, bis 3000 m ü. M. Die

(wegen ihrer vielen Hinterleibshaare gräulich erscheinende) *F. cinera* ist die am meisten angriffsbereite Sklavenameise.

17 Rotbraune Sklavenameise *Formica cunicularia* und *F. rufibarbis*
Länge: 3,5—6,5 mm. Schwärmt Juni bis August. Mit großen Komplexaugen. An lichten, trockenen Stellen mit spärlichem Graswuchs. Bis zu 70 cm tiefe, senkrecht in die Erde gegrabene stollenähnliche Nester, meist ohne Aushub.

18 Waldameise, Rote Waldameise oder Waldklammer *Formica rufa, F. polyctena, F. lugubris* und drei weitere Arten
Länge: 3—9 mm. Große Komplexaugen. Schwärmt Juni bis September. Baut Tannennadelhügel, häufig kegelförmig. Zumeist an Rändern von Nadel- oder Mischwäldern. Steht unter Naturschutz.

19 Rotbraune Wiesenameise *Formica pratensis*
Länge: 3—9 mm. Große Komplexaugen. Schwärmt Juni bis September, vor allem morgens. Baut Hügel aus Tannennadeln, aber flacher als die andern Waldameisen, häufig in Wiesen.

20 Herzkopfameise *Coptoformica sp.*
Länge: 3,5—6,5 mm. Große Komplexaugen. Schwärmt Juni bis September. Baut aus feinem Grasmaterial Hügel in Wiesen, seltener an Waldrändern. Regional weit verbreitet.

21 Blutrote Raubameise *Formica sanguinea*
Länge: 3,5—6,5 mm. Große Komplexaugen. Schwärmt Juni/Juli. Sehr angriffige Art. Übergangsformen zwischen Arbeiterinnen und Königinnen nicht selten (siehe auch S. 38).

22 Amazonenameise *Polyergus rufescens*
Länge: 5—7 mm. Große Komplexaugen. Erdnester in sonnigen Wiesen, nur mit Hilfsameisen angetroffen. Regional weit verbreitet.

Der Lebensweg einer Ameise

Jede Ameise durchläuft vier Entwicklungsstadien: Aus dem Ei, das von der Königin gelegt wird, schlüpft eine Larve, die sich nach ergiebigem Wachstum in eine Puppe verwandelt, aus der schließlich die erwachsene Ameise schlüpft.

Das Ei
Das kurz- oder länglichovale Ei ist so klein, daß eine erwachsene Arbeiterin der betreffenden Art es mit ihren Kiefern vollständig umfassen kann. Die Eier sind meist weiß gefärbt; bei der Roßameise verfärben sich die Eier nach wenigen Tagen in ein dunkles Gelb. Ihre Haut ist glatt, leicht klebrig und durchsichtig.

Die Larve
Die ausschlüpfende weiße oder gelbliche Larve ist eher maden- als raupenähnlich. Das walzenförmige, nach vorn schmäler werdende «Würmchen» besitzt vierzehn Segmente und kann sich, je nach Art, mehr oder weniger lebhaft bewegen. Zur Fortbewegung reicht es allerdings noch nicht, da ihm, anders als den Käferlarven, Beine fehlen. Auch besitzt es weder Augen noch Antennen. Sein weichhäutiger Körper ist mit Haaren versehen, die von Art zu Art ganz verschieden geformt sind. Die Mundstücke der Larve gleichen am ehesten noch denen der erwachsenen Ameise, der sogenannten Imago (Mehrzahl: Imagines). Da sich das ganze Wachstum einer Ameise auf ihr Larvenstadium beschränkt, ist sie in dieser Phase auf reichliche Nahrung angewiesen. Die Verdauungsreste sammeln sich im Magen an; besonders bei älteren Larven sieht man sie als dunklen Fleck durch die weiße Haut schimmern.

Rechts oben: Königin mit Brut: Eier (weiß), Larven und Puppen (Lasius flavus).
Rechts unten: Ameisen tragen ihre Brut in den Schatten (Camponotus ligniperda).

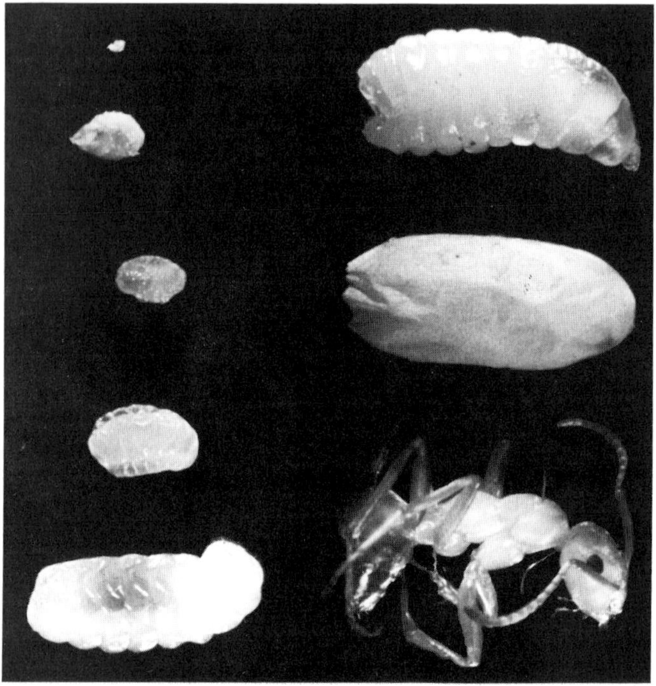

Verwandlung einer Waldameise, stark vergrößert. 1 zwei Eier, 2–5 Larven in verschiedenen Entwicklungsstadien, 6 Larve kurz vor dem Einpuppen, 7 Puppe, 8 soeben ausgeschlüpfte Ameise.

Die Puppe

Im Puppenstadium verharrt die Ameise völlig reglos und nimmt auch keine Nahrung auf. Die Larven der Wespenameisen und vieler Schuppenameisenarten spinnen sich beim Verpuppen mittels eines aus ihrer Unterlippe austretenden Spinndrüsen-sekretes in einen Kokon ein. In dieser festen und trockenen Hülle ist das Tier gut geschützt. Die geheimnisvollen Vorgänge

im Inneren der Puppe machen sich von außen lediglich durch eine allmähliche Dunkelfärbung des ursprünglich meist hellen Kokons bemerkbar. Hinten an der Puppe befindet sich ein schwarzer Fleck: ein Zeichen dafür, daß bei der Verwandlung zwischen Darm und Magen eine Verbindung entstanden ist, durch die der Larvenkot ausgeschieden wird.
Spätestens im Puppenstadium lassen sich die einzelnen Kasten an ihrer Größe unterscheiden. Die fertige Ameise beißt die vordere Hälfte ihres Gespinstes mit den Kiefern durch – eine mühsame Arbeit, selbst wenn erwachsene Arbeiterinnen mithelfen.
Bei der Knoten- und der Drüsenameise sowie bei einigen Schuppenameisenarten spinnt die Larve zur Verpuppung keinen Kokon. Diese sogenannten Nacktpuppen sind nur von einer durchsichtigen Haut umgeben, die sie beim Schlüpfen abstreifen müssen.

Die erwachsene Ameise

Die frischgeschlüpfte Imago ist noch hell und hat eine weiche Haut, die sich bei den meisten Arten recht bald ausfärbt und erhärtet. Bei den Arbeiterinnen der Gattung *Plagiolepis* dauert es dagegen Monate, bis sie ihre endgültige Färbung angenommen haben. Da die geschlüpften Ameisen schon ihre endgültige Körpergröße erreicht haben, ist ihr Alter nach der Ausfärbung nicht mehr ersichtlich.
Die Dauer der einzelnen Stadien ist vielen veränderlichen Umweltbedingungen wie Jahreszeit, Klima, Alter der Kolonie und Nahrungsangebot unterworfen. Unter günstigen Bedingungen dauert die Metamorphose etwa zwei Monate; bei Arten wie den Knotenameisen, die ihre Brut überwintern lassen, nimmt sie fast ein Jahr in Anspruch. Im Gegensatz dazu überwintern die Formica-Arten ohne Brut. Ihre Entwicklung verläuft deshalb wesentlich rascher als die der Knotenameisen. Dasselbe gilt für die Lasius-Arten und für die Roßameisen.

Ameisen können jahrealt werden

Noch am Tag des Schlüpfens nimmt die junge Ameise die ersten Arbeiten auf: häufig zunächst die Pflege des eigenen Kör-

pers und der Brut, später auch die Nahrungsbeschaffung. Die junge Imago hält sich nun auch außerhalb des Nestes auf und verteidigt dieses gegen Feinde (siehe S. 74 f.).
Die Arbeiterinnen der meisten Arten können etwa drei bis vier Jahre alt werden. Königinnen können noch sehr viel älter werden. Der Ameisenfreund H. Appel berichtet: «Die Ameisenkönigin *(Lasius niger)* wurde im August 1921 nach dem Hochzeitsflug gefangen; sie lebte bis zum April 1950 (also 28¾ Jahre!) bei mir in Gefangenschaft. Auch noch in ihrem letzten Lebensjahr hat sie befruchtete Eier gelegt.» Von 1943 bis 1963 hielt Appel eine Königin der Blutroten Raubameise im Gipsnest. Ameisenmännchen leben dagegen nur selten länger als einige Wochen.
Das für Insekten erstaunlich hohe Alter, das Ameisen erreichen können, ist eine noch kaum gewürdigte Erscheinung, und die Forscher haben bislang keine befriedigende Erklärung dafür gefunden. Die hohe Lebensdauer scheint damit zusammenzuhängen, daß Ameisen, gemessen an anderen Insekten, außerordentlich lernfähig sind. Bei den Königinnen könnte ein Zusammenhang mit der hohen Ausfallquote beim Hochzeitsflug bestehen (siehe S. 71): Je mehr Nachwuchsköniginnen umkommen, bevor sie sich selbst fortpflanzen können, desto mehr Nachwuchs muß eine Königin selber produzieren, das heißt desto länger muß sie leben.

Rechts oben: Bei den Schuppenameisen (Lasius) werden die Puppen meist mit einem Kokon umsponnen (links); die Knotenameisen (Myrmica) aber bilden Nacktpuppen (rechts).
Rechts unten: Nachdem die jungen Ameisen aus dem Kokon geschlüpft sind, bleiben sie noch mehrere Tage hell gefärbt. Diese jungen Imagines lassen sich nur so lange von den erwachsenen Tieren unterscheiden, bis auch sie ganz ausgefärbt sind, denn wegen ihres harten Außenskeletts können sie nicht mehr wachsen und sehen so immer gleich aus (die Slavenameise Formica lemani).

Das Leben im Ameisenstaat

Alle Ameisen sind auf ein soziales Leben ausgerichtet und angewiesen. Alle Individuen, die im gleichen Ameisennest leben, sind miteinander verwandt; sie bilden eine mehr oder weniger große Familie, meist Kolonie oder Volk genannt. Der engen Verwandtschaft entspricht eine Zusammenarbeit, die in diesem Ausmaß und in dieser Perfektion nur noch bei anderen Hautflüglern, bei Termiten und Korallen anzutreffen ist. Viele Aufgaben, wie die Suche nach Nahrung, der Bau des Nestes usw., die sonst einzelne Tiere für sich lösen, müssen bei Ameisen auf sozialer Ebene, das heißt von der ganzen Kolonie bewältigt werden.

Im Gewimmel eines Ameisenhaufens ist auf den ersten Blick keinerlei Plan oder Ziel zu erkennen. Die genauere Beobachtung einer einzelnen Ameise eines ungestörten Nestes zeigt jedoch, daß sie über längere Zeit eine bestimmte Absicht verfolgt, während andere Ameisen dieses Volkes gleichzeitig im Innern des Nestes ruhen oder ein anderes Vorhaben unterstützen.

Wichtigstes «Werkzeug», mit dem die Ameise ihre Arbeiten verrichtet, sind ihre Kiefer. Sie sind Transportmittel, Waffe, Fang- und Freßwerkzeug in einem und je nach den Lebensgewohnheiten verschiedener Ameisenarten von sehr unterschiedlicher Gestalt (siehe Abb. S. 14).

Angeborene und erlernte Fähigkeiten der langlebigen Ameisen, ihre gut ausgebildeten Sinnesorgane und ein differenziertes Kommunikationsvermögen (Mitteilen und Verstehen) sind im Sozialstaate der Ameisen beim Erkennen anderer Ameisen, beim Alarmieren, der zielgerichteten Fortbewegung und beim Hochziehen der Brut von entscheidender Bedeutung.

Die Pflege der Brut

Hilflos und unfähig, sich ihre Nahrung selber zu suchen, sind die Ameisenlarven auf ständige Pflege durch Arbeiterinnen angewiesen. Eine derart hoch entwickelte Brutpflege kommt im Insektenreich nur bei den staatenbildenden Arten vor. Um die Eier und Larven vor dem Befall durch krankheitserregende Bak-

terien oder Schimmelpilze zu schützen, belecken die Arbeiterinnen sie immer wieder. In jedem Stadium, zu jeder Tageszeit und bei jedem Wetter ist die Brut auf die günstigsten Umweltbedingungen (Temperatur und Feuchtigkeit, Schutz vor Lichteinfall und Feinden) angewiesen. Dies bedeutet, daß sie immer wieder umgelegt werden muß. Die klebrige Haut der Eier bzw. die Behaarung der Larven ermöglichen es einer Arbeiterin, gleichzeitig mehrere davon in ihren Kiefern zu tragen. Puppen werden dagegen stets einzeln transportiert.
Diese außerordentlich sorgfältige Brutpflege führt dazu, daß weit über die Hälfte aller Ameiseneier sich zu erwachsenen Ameisen entwickeln. Eine derart geringe Nachkommensterblichkeit wird auch von den höher entwickelten Wirbeltieren nicht einmal annähernd erreicht.
Bei den meisten Ameisenarten herrscht innerhalb der Brutkammern eine strenge Ordnung. Die Larven verschiedener Entwicklungsstadien, ja sogar verschiedener Altersklassen werden in separaten Kammern gehalten.

Die Eier werden meist unmittelbar nach dem Austreten aus dem Hinterleibsende der Königin von einer Arbeiterin übernommen und in die dafür bestimmte Kammer gebracht.
Am sorgfältigsten werden die Larven gepflegt. Nach Stitz soll die Larve ihr Bedürfnis nach Nahrung durch lebhafte Bewegungen des Vorderendes bekunden. Die Arbeiterin stellt sich daraufhin so über die Larve, daß diese mit ihrem Vorderende die geöffneten Kiefer erreicht und den vorgewürgten Futtersaft trinken kann. Wespenameisen setzen ihren Nachwuchs oft an tote Insektenreste, die dann von den Larven ausgesaugt werden. Auch beim Verpuppen und Schlüpfen stehen die Arbeiterinnen den Larven bei. Vor allem die kokonspinnenden Arten sind auf sie angewiesen; bei den übrigen beschleunigt diese Hilfe den Vorgang immerhin. In Puppenkammern, die sich meist in den obersten, trockeneren Nestregionen befinden, stehen und liegen die Puppen meist wirr durcheinander. Obwohl sie durch ihre Haut und — noch mehr — den Kokon recht gut geschützt sind, werden sie von den Arbeiterinnen peinlich sauber gehalten.

Wie die Kasten entstehen

Die Königin kann nach erfolgter Begattung den männlichen Samen jahrelang in ihrer Samenblase speichern. Mit diesem Samen kann sie die Eier befruchten; sie kann aber auch unbefruchtete Eier legen. Wie bei den anderen Hautflüglern entstehen auch bei den Ameisen aus befruchteten Eiern weibliche, aus unbefruchteten Eiern männliche Tiere. In der Regel werden die Eier von der Königin gelegt. Kommt jedoch die Königin um oder wird sie entfernt, können bei vielen Ameisenarten auch die Arbeiterinnen Eier legen. Bei vielen Arten geschieht dies zu bestimmten Jahreszeiten regelmäßig. Diese Eier dienen normalerweise den Larven als Nahrung; werden sie einmal trotzdem hochgezogen, entstehen daraus in der Regel Männchen.

Ob aus einem befruchteten Ei eine Arbeiterin oder ein Vollweibchen entsteht, hängt von einem komplizierten Wechselspiel verschiedener Faktoren ab, die hier bloß aufgezählt werden können: Jahreszeit (Überwinterung im Larvenstadium), relative Anzahl der Königinnen und ihr Einfluß auf Brut und Arbeiterinnen (Bewegungen und Pheromone, Größe des gelegten Eis). Besonders wichtig ist die Nahrung der Larven: bei

Kastenbestimmung bei Ameisen

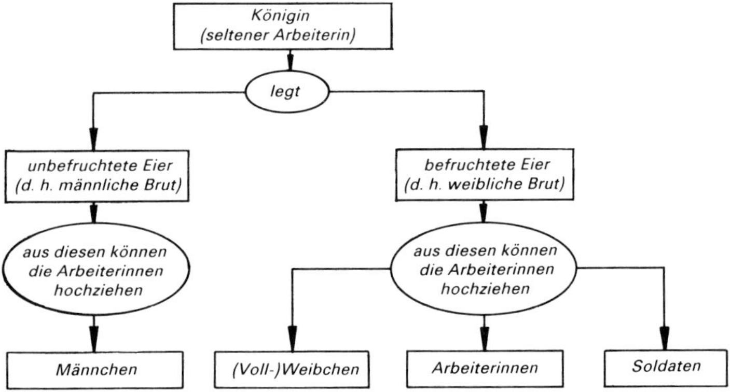

Myrmica-Ameisen der Einweißgehalt, bei *Formica*-Ameisen die Art und Menge der den Nahrungssäften beigemischten Drüsensekrete der Arbeiterinnen. Wesentlich ist auch das Alter der Königin, die das Ei gelegt hat, und das der Arbeiterin, die die Larve füttert. Neuerdings hat man entdeckt, daß auch die Bevölkerungsdichte in der Brutkammer und die Art und Weise, wie die Arbeiterinnen mit den Larven umgehen, die Kastenbildung beeinflussen. In den meisten Nestern werden entweder hautpsächlich Weibchen oder hauptsächlich Männchen großgezogen. Dadurch wird vermutlich die Inzucht erschwert.
All diese Faktoren wirken auf den Haushalt der Hormone, die die Entwicklungsschritte vom Ei bis zur fertigen Ameise steuern. Bei Waldameisen fällt die Entscheidung «Arbeiterin oder Vollweibchen» bereits im frühen Larvenstadium, bei *Myrmica*-Arten erst im Vorpuppenstadium.
Trotz intensiven Forschens sind die Ursachen der Entstehung von Soldaten noch weitgehend ungeklärt. Mit Sicherheit weiß man bisher nur, daß auch hier die Ernährung der Larven, die Temperatur und das Alter der Kolonie entscheidend sind.

Jede Kaste hat ihre Aufgabe
Am einfachsten definierbar ist die Aufgabe der Männchen. Sie besteht darin, die Weibchen zu begatten. Über diesen sogenannten Hochzeitsflug wird auf S. 64 ff. noch ausführlicher die Rede sein. Wenige Tage nach dem Hochzeitsflug sterben die Männchen. Die begatteten Weibchen gründen als junge Königinnen eine neue Kolonie. Ihre spätere Aufgabe beschrankt sich auf das Eierlegen; sie sorgen damit für die Arterhaltung. Die Königinnen vieler Arten sind aber fähig, alle ihre Grundbedürfnisse wie Nahrungsaufnahme und Körperpflege selber zu befriedigen. In der Regel jedoch werden diese Arbeiten von den Arbeiterinnen übernommen. Die Königin wird von ihnen gefüttert, und zwar mit bereits halbverdauten, flüssigen Nahrungssäften. Nur bei wenigen ursprünglichen Arten, bei Wespen- und Knotenameisen, wirken die Königinnen im «Aufgabenfeld» der Arbeiterinnen mit, putzen sich selbst, beteiligen sich an der Brutpflege oder gehen sogar selbständig auf Nahrungssuche. Bei anderen Arten dagegen ist die Königin so sehr

auf das Eierlegen spezialisiert, daß sie ohne Hilfe der Arbeiterinnen weder fressen noch sich selbständig fortbewegen könnte.
In der Regel beteiligt sich jede Arbeiterin täglich an zahlreichen Aufgaben des Sozialstaates: Nahrungsaufnahme, Körper- und Brutpflege, Schutz vor Feinden, Bewachung der Nesteingänge, Aus- oder Wiederaufbau des Nestes, dessen Wärmehaushalt, Belüftung und so fort. Nur in seltenen Fällen erfolgt eine differenzierte Arbeitsteilung innerhalb der gleichen Kaste. Bekannt ist lediglich, daß sich die jüngsten Arbeiterinnen vornehmlich mit der nächstliegenden Arbeit, der Brutpflege, beschäftigen und daß Soldaten häufiger als Arbeiterinnen am Transport besonders schwerer Lasten beteiligt sind.
Die Anpassung der Arbeiterinnenkaste an ihre Aufgaben im Haushalt des Sozialstaates ist im Verlaufe der Evolution so weit gediehen, daß sie sich nicht nur in ihrem äußeren, sondern auch in ihrem inneren Körperbau niedergeschlagen hat: Arbeiterinnen haben ein größeres Gehirnvolumen als Geschlechtstiere, aber ihre Geschlechtsorgane sind verkümmert. Zur Arterhaltung tragen sie also nicht dadurch bei, daß sie sich selber fortpflanzen, sondern dadurch, daß sie sich voll und ganz für das Wohlergehen der Geschlechtstiere einsetzen, denen allein das Fortpflanzungsgeschäft obliegt.

Körperpflege und Nesthygiene

Wie die Brut werden auch der eigene Körper und das Nest von den Arbeiterinnen gründlich gereinigt und so Infektionsherde beseitigt. Besondere Sorgfalt gilt den Antennen, wodurch ein bestmögliches Funktionieren dieser hochempfindlichen Geruchs- und Tastorgane gewährleistet wird. Die Ameisen sind mit einem am Vorderbeinpaar besonders gut ausgebildeten Putzapparat ausgerüstet, durch den sie die Fühler ziehen. Der Putzapparat ist bei einigen Arten mit einem Kamm und kleinen Härchen versehen; die darin hängengebliebenen Stäubchen werden anschließend in die Kiefertasche entleert, indem das Bein durch die Kiefer gezogen wird. Auch die Kloake am Hinterleibsende wird häufig gereinigt. Der Kot wird vermutlich im Freien oder in unbewohnten Randkammern des Nestes abge-

Wo sich die Ameise nicht selber reinigen und belecken kann, wird dies von einer Nestgenossin besorgt (Waldameise).

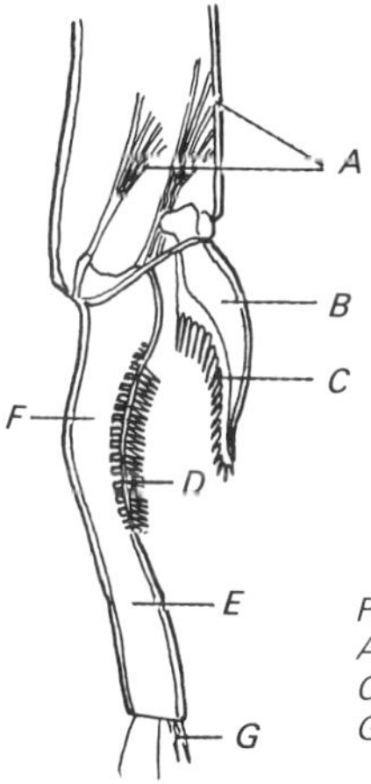

Putzapparat einer Waldameise:
A Muskeln, B Sporn,
C+D Bürste, E Tarse, F Kamm,
G Krällchenpaar

setzt. Zur Reinigung der Hinterleibsoberseite und anderer der Lippe unzugänglicher Körperstellen helfen sich die Arbeiterinnen gegenseitig.
Nahrungsrückstände, leere Puppenhüllen, tote Larven, Puppen oder Arbeiterinnen werden stets aus dem Nest entfernt. Alle Toten werden an den gleichen Ort gebracht, den Friedhof gewissermaßen. Dieser kann an der Erdoberfläche oder in unterirdischen Kammern angelegt werden. Stets befindet er sich in einiger Entfernung vom Nest; die Gründe für die Wahl eines bestimmten Standortes sind noch kaum bekannt. Da der «Friedhof» (zumindest in künstlichen Beobachtungsnestern) zuweilen an einen anderen Ort verlegt wird, scheint ihm eine gewisse Bedeutung zuzukommen.
Bei den meisten Arten ist es eine Oleinsäure, an der die Arbeiterinnen ihre Toten erkennen. Bestreicht man nämlich kleine Holzstückchen mit dieser Säure, so werden diese, zumindest von der Wegknotenameise, auf den «Friedhof» geschleppt.

Der Tagesablauf
Vom «Arbeitseifer» einer Ameise macht man sich meistens falsche Vorstellungen. Sie verbringt nämlich mehr als die Hälfte des Tages praktisch unbeweglich im Nest. Ihre Fühlerschäfte sind dabei meist nach hinten gerichtet, so daß sie viele Sinneseindrücke kaum mehr wahrnimmt. Von einem Schlaf in unserem Sinne kann man freilich nicht sprechen. An einem sonnigen Tag beteiligen sich jedoch alle Arbeiterinnen an den in und um das Nest zu verrichtenden Tätigkeiten. Am aktivsten sind Ameisen bei Temperaturen zwischen 10 und 35 Grad. Auch die einfallende Lichtmenge steuert ihre Aktivität. Waldameisen und die Glänzendschwarzen Holzameisen sind morgens schon recht früh auf Nahrungssuche anzutreffen; die großen Wegknoten- und die räuberischen Amazonenameisen sind hauptsächlich abends aktiv.

Rechts: Selbst Ameisenpuppen werden peinlich reingehalten, obwohl sie das am besten geschützte Brutstadium darstellen (Schmalspurameise).

Fortbewegung und Verständigung

Die Fähigkeit zu zielbewußter Fortbewegung und gegenseitiger Verständigung gehört zu den wichtigsten Voraussetzungen für ein geordnetes soziales Verhalten der Ameisen. Sie orientieren sich dabei nach Gesichts- und Tasteindrücken, nach der Schwerkraft und chemischen Stoffen. Erkannt werden die visuellen, taktilen und chemischen Umwelteinflüsse mit entsprechend verschiedenen Sinnesorganen: dem Gesichts- und Tastsinn, dem Geruchs- und dem Geschmackssinn. Viele Sinnesorgane — die im übrigen erst wenig erforscht sind — befinden sich als feine Härchen zu Hunderten an den Antennen (der Fühler einer Waldameise zählt etwa 1600 Härchen). Schließlich werden die Umwelteinflüsse von den Nerven verarbeitet, so daß das Tier sich situationsgemäß verhalten kann.

Funktion der Beine und Flügel

Der Fortbewegung dienen drei Beinpaare (bei Geschlechtstieren außerdem zwei Flügelpaare). Bei gewissen Arten lassen sich jedoch die Königinnen regelmäßig herumtragen, bei einigen (z. B. Waldameisen) gelegentlich sogar Arbeiterinnen. Beim normalen Fortbewegungsmuster werden jeweils drei Beine annähernd gleichzeitig vorwärtsbewegt. Dabei macht das Mittelbein der einen und das Vorder- und Hinterbein der andern Seite einen Schritt, während der Körper auf den Füßen der andern Beine ruht.

Bei genauer Beobachtung lassen sich viele Ameisenarten an ihrem Gang voneinander unterscheiden. So schleicht die recht kurzbeinige Schmalspurameise gleichförmig und eher langsam, wobei sie mit wespenartigen Fühlerbewegungen den Boden betrillert. Wie eine dreiteilige Straßenbahn biegt sie um die Ecke; Kopf, Brustabschnitt und Hinterleib schlagen nacheinander die neue Richtung ein. Die langbeinige Waldameise dagegen geht wie ein Auto in die Kurve und bewegt die Antennen in der Luft. Ameisen können sich auch rückwärtsbewegen, zum Beispiel wenn sie ein größeres Beutetier abschleppen.

Die Ameisenmännchen und die jungen Weibchen sind unscheinbare, aber recht gewandte Flieger. Fast geräuschlos

Normales Fortbewegungsmuster einer Ameise

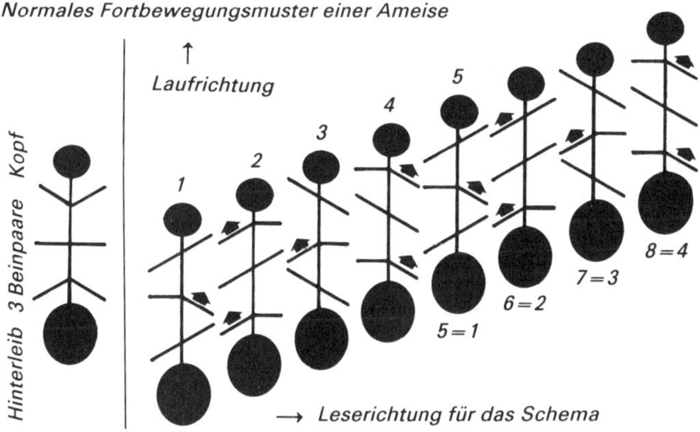

schwirrend, bewegen sie im Flug alle vier Flügel gleichzeitig auf und ab. Vorder- und Hinterflügel sind miteinander zu einer Tragfläche verhakt (siehe S. 17). Größere Arten erreichen bei Windstille Geschwindigkeiten von 10 bis 20 km pro Stunde. Von der Flugfähigkeit der Geschlechtstiere hängt weitgehend die Größe des Verbreitungsgebietes einer Ameisenart ab.

Not- und Schrecksignale

Wie bei den Bienen scheinen auch bei den Ameisen gewisse Bewegungen der gegenseitigen Verständigung zu dienen. So bewegen sich beispielsweise verletzte Waldameisen mehrmals in einem engen Kreis; Knotenameisen geben dabei leise zirpende Geräusche von sich, die sie durch Reiben des hinteren Knotens am vordersten Teil des Hinterleibes erzeugen. Roß- und Weberameisen wiederum schlagen ihren Kopf mehrmals mit schnellenden Bewegungen auf den Boden. Ob dies Notsignale sind und ob sie von den Nestgenossen verstanden werden, ist noch nicht geklärt. Daß Ameisen hören können, ist seit längerer Zeit erwiesen.

Wird eine Ameise durch eine unvermittelte Begegnung mit einer nestfremden Ameise, durch einen Windstoß oder durch plötzliches Abdunkeln einer Nestkammer überrascht, kann man häufig beobachten, wie sie sich wechselweise vorne ruckartig aufrichtet und ebenso plötzlich wieder ihre ursprüngliche Stellung einnimmt. Alle sechs Füße bleiben dabei am Ort stehen. Dieses rasch wiederholte, sogenannte «Rucken» kommt vor allem bei Ameisen der Gattung *Lasius,* aber auch bei vielen anderen Arten vor. Eine befriedigende Deutung für dieses seltsame Verhalten steht noch aus. Die Nestgenossinnen scheinen nämlich auf eine «ruckende» Ameise nicht zu reagieren. Ob es sich um eine Schockreaktion handelt, die unserem «Zusammenfahren» entspricht, oder ob das Rucken nicht doch eine Alarmfunktion erfüllt, können nur genauere Versuche und Beobachtungen an den Tag bringen.

Chemische Botschaften

Frühere Ameisenforscher, die das gegenseitige Betrillern mit den Fühlern genau beobachtet und in seinen verschiedenen Formen beschrieben haben, vermuteten als Grund dafür differenzierte Verständigungssignale; seitdem jedoch immer mehr Pheromone entdeckt werden, hält man chemische Stoffe für das weitaus wichtigste Verständigungsmittel. Pheromone sind Wirkstoffe ähnlich den Hormonen; sie werden jedoch durch besondere Drüsen nach außen abgesondert und wirken nicht auf das Tier selbst, sondern auf seine Artgenossen. Neben dem arteigenen Geruch der Ameise, dem Geruch des Nestmaterials und des Futters ist ein Pheromon, das möglicherweise am hinteren Teil des Brustabschnittes ausgeschieden und mit den Antennen wahrgenommen wird, mit daran beteiligt, daß Ameisen Nestgenossinnen als solche erkennen. Fremdlinge strömen einen anderen Nestgeruch aus; sie werden bekämpft, auch wenn sie der gleichen Art angehören. Bei Arten, die nur eine einzige Königin im Nest dulden, übt vermutlich die Königin mit einem weiteren Pheromon entscheidenden Einfluß auf den Nestgeruch aus. Die meisten Ameisenpheromone sind für uns Menschen geruchlos.

Ameisenstraßen

Außerhalb des Nestes orientieren sich die Ameisen meist gleichzeitig an Gegenständen, Lichtquellen, der Schwerkraft und Duftspuren. Viele Arten (z. B. Weg-, Wald- und Ernteameisen) orientieren sich nach dem Stand der Sonne bzw. des Mondes, indem sie beim Gehen einen bestimmten Winkel zu dieser Lichtquelle einhalten. Einige, zum Beispiel *Formica rufa,* beziehen dabei sogar den Lauf des Gestirnes mit ein. Bei Vertretern verschiedener Unterfamilien wurde eine Orientierung nach den Sternen nachgewiesen. Viele Arten richten sich bei schönem Wetter eher nach Himmelsmarken als nach der Landschaft, doch bei bedecktem Himmel spielen Landmarken, besonders senkrechte Gegenstände, für die visuelle Orientierung die größere Rolle.

Duftspuren weisen den Weg
Nicht alle Ameisenarten besitzen gute Augen, und Licht ist in den Schlupfwinkeln der Ameisen oft nur spärlich vorhanden. In solchen Fällen sind die Ameisen auf gewisse Pheromone als chemische Orientierungshilfen, sogenannte Duftspuren, angewiesen. Dies sind regelrechte Straßen, die Nest und Futterquellen miteinander verbinden. Während sich Waldameisen im Freien fast ausschließlich auf ihren Gesichtssinn verlassen, spielt bei *Lasius* und vielen anderen Arten die Orientierung nach Duftspuren die bedeutendere Rolle.
Die Duftspuren verschiedener Kolonien derselben Ameisenart unterscheiden sich nicht voneinander, wohl aber die von verschiedenen Arten. Der Duftstoff stammt aus einer Drüse, die sich von Art zu Art unterscheidet, und wird meistens mit dem Hinterleibsende auf den Boden getupft. Wahrscheinlich wird er, wie dies bei *Lasius fuliginosus* nachgewiesen ist, von allen Arten mit einem Geruchssinnesorgan der Antennen wahrgenommen. Das Pheromon der Duftspur informiert die Ameisen nur über den Wegverlauf, nicht aber darüber, in welcher der beiden möglichen Wegrichtungen die Futterquelle liegt. Dem Betrachter einer Ameisenstraße fällt es aber leicht, an der Größe der Hinterleiber die wohlgenährten von den nahrungssu-

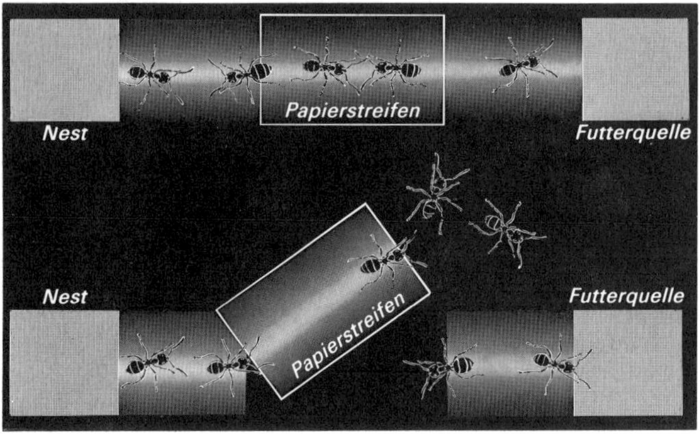

Durch diesen Versuch läßt sich nachweisen, daß die Ameisen einer Duftspur folgen: Wird das Papier verschoben (rechts), verlieren die Ameisen die Orientierung.

chenden Arbeiterinnen zu unterscheiden und so die Wegrichtung zur Futterquelle oder zum Nest herauszufinden.

Je nach Unterlage und Ameisenart behält eine Duftspur, die nicht unterhalten wird, knappe zwei Minuten bis über ein Jahr lang ihre Wirkung. Ameisenstraßen weisen nicht selten eine Länge von zwanzig Metern auf. Bei hochentwickelten Arten kann eine gelegte Spur von jeder Arbeiterin selbständig verfolgt werden, während bei vielen urtümlichen Wespenameisen eine Nestgenossin zum Nachfolgen erst aufgefordert und von der Entdeckerin geführt werden muß. Die Nachfolgerin hält unterwegs steten Körperkontakt mit der Führerin; man spricht hier von «Tandemlauf».

Viele Arten orientieren sich auch nach der Schwerkraft. Besonders an Baumstämmen und Mauern dient die Schwerkraft den Ameisen als Orientierungshilfe. Erfahrene Arbeiterinnen vermögen jeden beliebigen Winkel zur Senkrechten über lange Strecken beizubehalten.

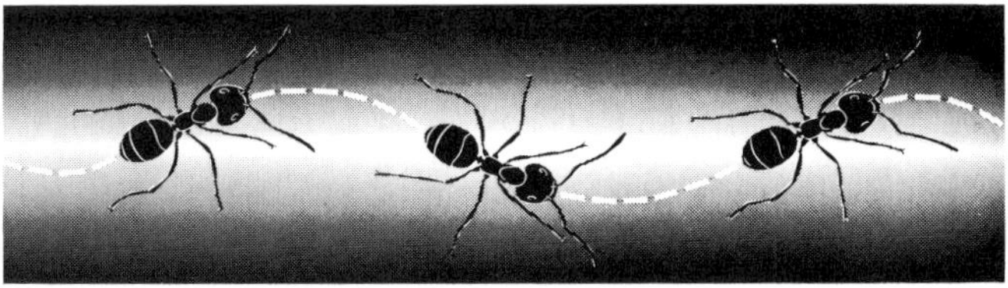

Ameise folgt einer Duftspur, im Bild hell dargestellt. Sobald sie an den Rand der «Straße» gerät, wo der Duft sich verliert, pendelt sie zurück. (Aus: «Umschau», Jg. 70, Nr. 21, Trudi Hölldobler)

Viele Orientierungsleistungen beruhen auf individuellen Lernvorgängen: das Einberechnen der Sonnenstandsänderung, die konstante Fortbewegung in einem beliebigen Winkel zu einer Lichtquelle und die erwähnte Fähigkeit, sich mit Hilfe der Schwerkraft zu orientieren.

Tunnelbauer und «Spione»

Besonders die Schwarze Weg- und die Italienische Hausameise, ja sogar gewisse Wanderameisen decken ihre Straßen nicht selten mit Erdgewölben als Schutz, um sie bei jedem Wetter begehen zu können, oder als bloße Orientierungshilfe. Auf einer Ameisenstraße kann man gelegentlich zwei verschiedene Ameisenarten entdecken. Das fällt besonders dann auf, wenn die Glänzendschwarzen Holzameisen und ihre stammesgeschichtlichen Verwandten, die gelbglänzenden *Lasius umbratus*, gemeinsame Wege gehen. Daß diese beiden Arten auch gemeinsamen Haushalt führen, hängt mit der Art ihrer Koloniegründung zusammen, auf die wir später noch eingehen werden. In seltenen Fällen wird dieselbe Straße aber auch von zwei Ameisenarten benutzt, die weder das gleiche Nest bewohnen noch näher miteinander verwandt sind, einander aber gleichen. So orientiert sich die Rotköpfige Roßameise *Camponotus lateralis* auf Straßen der Herzgasterameise und «spioniert» auf diese Weise ihre Nahrungsquellen aus, ohne sie selber ausfindig machen zu müssen und — dank ihrer gleichen Färbung — ohne von ihren «Spurenlegerinnen» entdeckt zu werden. Diesen und ähnliche «Tricks» nennen die Biologen *Mimikry*.

Sklavenhalter und Nomaden

Auf einer Ameisenstraße trifft man meist nur eine einzige Ameisenart an. Nur wenige Arten bilden da eine Ausnahme, und bei einigen davon sieht man sogar regelmäßig andersartige Ameisen. So lebt beispielsweise die weit verbreitete Blutrote Raubameise praktisch immer mit Ameisen einer oder gar verschiedener Arten zusammen. Normalerweise handelt es sich bei diesen sogenannten «Sklaven» um eine Minderheit. Klassische Schilderungen über die Erbeutung dieser Sklaven verdanken wir unter anderen dem Schweizer Ameisenforscher August Forel. Meist zur Zeit der Puppenreife gehen die Raubameisen in kleinen, wenig organisierten Trupps auf Sklavenraub. Zwischen diesen geschlossenen Trupps zirkulieren nur wenige Arbeiterinnen. Oft stoßen diese Raubameisen erst nach weit über hundert Metern auf ein Sklavenameisennest. Mit drohend geöffneten Kiefern verjagen sie sämtliche Arbeiterinnen und machen sich dann wesentlich gelassener über die fremden Puppen her und schleppen sie in ihr eigenes Nest — ein Vorgang, der bisweilen mehrere Tage in Anspruch nimmt. Die geflohenen Sklavenameisen kehren nicht mehr in ihr ausgeraubtes Nest zurück.

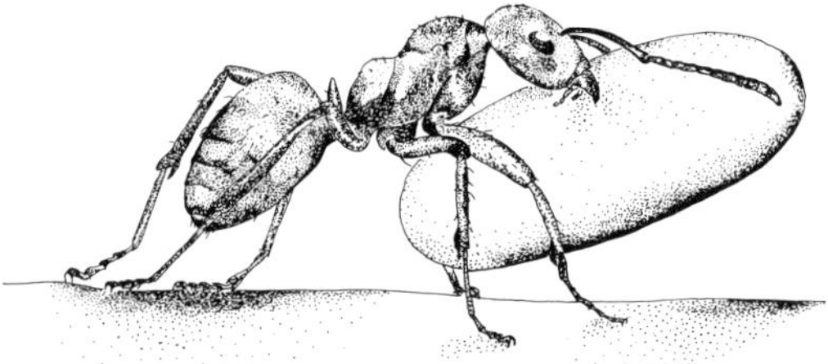

Blutrote Raubameise mit einer Puppe der Sklavenameise auf ihrem Rückzug

Rechts oben: Zwei Arbeiterinnen der Waldameise verständigen sich während eines Nahrungsaustausches durch «Betrillern» mit den Fühlern.
Rechts unten: Amazonenameisen (rot) und ihre Sklaven (schwarz) beim friedlichen Zusammenleben am Nesteingang (die Sklavenart ist hier Formica cunicularia).

Die von den Raubameisen eingebrachten Puppen werden teilweise gefressen; größtenteils jedoch schlüpfen aus ihnen bald junge Hilfsameisen. Da sie den Nestgeruch der Raubameisen angenommen haben, werden sie wie eigene Nestgenossinnen behandelt und beteiligen sich an allen Sozialarbeiten.

Ohne Sklaven nicht lebensfähig

Während die Arbeiterinnen der Raubameise noch zu allen Arbeiten im Staate fähig sind, hat sich eine andere Art, die Amazonenameise, so sehr auf den Puppenraub spezialisiert, daß sie von den Sklavenameisen vollkommen abhängig geworden ist. Ihre stets gemischten Kolonien weisen auch wesentlich mehr Sklaven- als Amazonenameisen auf. Die säbelförmigen, ungezähnten Kiefer der Amazonenameisen eignen sich wohl vortrefflich zum Puppenraub und sind auch noch zur eigenen Körperpflege brauchbar, doch für Nahrungsaufnahme, Brutpflege und Nestbau taugen sie nicht mehr. So muß die Nahrung von der Sklavenameise nicht nur eingetragen, sondern zugleich ihren Wirten auch verfüttert werden.
An sonnigen Nachmittagen, meist erst nach vier Uhr, verlassen die Amazonenameisen ihr Nest geradlinig in einem geschlossenen Verband. Ohne einer Duftspur zu folgen, eilen die Tiere querfeldein, bis der Zufall sie an das Nest einer Sklavenameisenart führt. Nachdem sie dessen Zugänge abgeriegelt haben, stürmen sie, wie auf ein Kommando, die Kolonie. Bereits wenige Minuten später kehren sie auf der zuvor gelegten Duftspur mit geraubten Puppen zurück. Sklavenameisen, die sich wehren, werden rasch und sehr treffsicher mit den Kiefern ergriffen und durchbohrt. Der Rückzug der Amazonenameise erfolgt wieder ziemlich geradlinig, aber viel weniger organisiert, und dauert weit länger als der geschlossene Anmarsch. Wer einmal einen Raubzug Hunderter von eilenden Amazonen mit je einer artfremden Puppe in den Kiefern beobachtet hat, wird dieses eindrucksvolle Erlebnis nicht vergessen!
Wesentlich seltener, meist nur nachts, können auch bei gewissen Arten aus der Unterfamilie der Knotenameise Raubzüge beobachtet werden. Diese werden allerdings ganz anders und meistens nur gegen die Rasenameise organisiert.

Hier muß auch darauf hingewiesen werden, daß bei wenigen, selteneren Arten (z. B. *Shongylognatus alpinus*) nicht nur die Puppen (sogenannte Dulosis), sondern selbst erwachsene Ameisen (sogenannte Eudulosis) geraubt werden.

Millionenheere auf Raubzug
Nicht der Beschaffung von Hilfsameisen, sondern von Nahrung dienen die riesigen Ameisenzüge der Arten aus der Unterfamilie der Wanderameisen in Amerika und der Treiberameisen in Afrika und Indien. Im Gegensatz zu allen europäischen Arten haben diese Völker keinen festen Wohnsitz. Bedingt durch den angeschwollenen Hinterleib der Königin, setzt nach einer etwa zweiwöchigen Wanderperiode, in der auch die Brut mitgeschleppt wird, eine etwas längere Ruheperiode ein, die nach der Eiablage wieder von einer Wanderperiode abgelöst wird. Daß gerade die Arbeiterinnen vieler Arten der Wander- und Treiberameisen keine Augen haben und nur nachts unterwegs sind, ist sehr erstaunlich. Auch die Frage, wie sich diese Tiere ohne Duftspur orientieren, ist noch weitgehend ungeklärt.
Jedes Tier, das die Treiberameisen auf ihren Raubzügen antreffen, wird angegriffen. Praktisch alle Insekten, aber auch größere Tiere wie Amphibien, Eidechsen, ja sogar Schlangen und kleine Säugetiere fallen ihnen zum Opfer. Auch die Menschen tun gut daran, ihre Häuser zu verlassen, wenn Hunderttausende von Treiberameisen über sie herfallen. Ist der Zug dann vorüber, ist das Haus vom verborgensten Ungeziefer gereinigt. Die Treiberameisen sind daher gar nicht ungern gesehen.

Die Ernährung

Ameisen benötigen für ihre Ernährung praktisch dieselben Nährstoffe wie wir: Kohlenhydrate (Zucker und Stärke), Fette, Eiweiß sowie Vitamine und Mineralsalze. An tierischer Nahrung erbeuten Ameisen vor allem Insekten, vornehmlich weichhäutige, daneben auch Spinnen, Würmer und Schnecken. Bisweilen werden sogar die eigenen Eier gefressen, vor allem dann, wenn andere Nahrung knapp ist. Von über 30 Ameisenarten ist bekannt, daß sie sich selbst auch von eigenen Eiern ernähren oder diese den Larven verfüttern. Zu der rein pflanzlichen Nahrung gehören vor allem Nektarien, süße Säfte in geknickten Pflanzenstengeln und auf Blättern.

Blattläuse als «Milchkühe»

Eine Besonderheit in der Ernährung vieler Ameisenarten ist ihre Vorliebe für den Kot von pflanzensaugenden Insekten verschiedener Ordnungen. Die Darmausscheidungen der Blatt-, Rinden-, Schild- und Wurzelläuse enthalten nämlich bedeutende Mengen an Zucker, Eiweißen sowie Vitaminen und Mineralstoffen. Vom gelegentlichen Besuch der Läuse durch Ameisen bis zur vollständigen Abhängigkeit von deren Exkrementen bei einigen *Myrmica*- und *Lasius*-Arten finden sich alle Übergänge. Mehr als die Hälfte der mitteleuropäischen Ameisenarten ist zu ihrer Ernährung auf die Anwesenheit solcher «Milchkühe» angewiesen. Umgekehrt haben sich auch viele Pflanzenlausarten so sehr an die Entfernung ihres Kotes durch Ameisen angepaßt, daß sie, wenn sie ausbliebe, in ihrem klebrigen Kot ertrinken und in Kürze aussterben würden.
In den Beziehungen zwischen Ameisen und Blattläusen haben sich viele Besonderheiten entwickelt. So betteln Waldameisen vor allem Rindenläuse an, und die Art *Lasius flavus* hält sich unterirdische Wurzelläuse. Die Ameisen vieler Arten veranlassen

Rechts oben: Eine einzelne Ameise kann ein Beutetier schleppen, das um ein Mehrfaches schwerer ist als sie selbst (Waldameise).
Rechts unten: Blattläuse werden von Ameisen «betrillert», damit sie ihren Zuckersaft absondern (Waldameise).

die Blattläuse zum Ausscheiden von Kot, indem sie deren Hinterleib mit ihren Fühlern betrillern.
Zu den Arten, die überhaupt keine Blattläuse aufsuchen, gehören die Schmalbrustameisen und die Wespenameisen, die fast ausschließlich Fleischfresser sind. Die Blattschneider- und die Ernteameisen dagegen ernähren sich fast nur pflanzlich.

Der Kropfinhalt ist für alle da

Im Gegensatz etwa zu den stechend-saugenden Mundteilen der Stechmücken oder dem Saugrüssel der Schmetterlinge haben die Ameisen kauend-leckende Freßorgane. Mit dem Ober- und Unterkieferpaar wird die Nahrung zerkleinert, dann nötigenfalls mit Speichel verdünnt und mit Lippe und Zunge aufgeleckt.
Leichtere Beutetiere werden allein oder mit vereinten Kräften ins Nest gebracht, größere Beutestücke oder Läusekolonien bald nach ihrer Entdeckung durch eine Straße erschlossen. Halbverdaute Nahrung, die nicht zum Eigenbedarf in den Magen weitergegeben wird, wird im Kropf zurückbehalten. Dort kann sie bis zu einigen Tagen gespeichert werden, wodurch der

Eine vollgefressene Arbeiterin kehrt auf der Ameisenstraße ins Nest zurück, hungrige Nestgenossinnen gehen ihr zum Futterplatz entgegen (Lasius fuliginosus).

Hinterleib des Tieres unter Umständen beträchtlich anschwillt. Abgesehen von wenigen Arten (Blattschneider- und Ernteameisen) können Ameisen ihren Kropfinhalt in flüssiger Form an die Larven, Königinnen und andere Nestgenossen weitergeben. Damit dient der gefüllte Pumpmagen nicht nur als individueller Nahrungsspeicher, sondern als «Vorratsausgleich» für die ganze Kolonie. Die Nahrung wird freiwillig abgegeben oder durch Betrillern mit den Antennen und unterstützende Bewegungen der Vorderbeine erbettelt. Die Spenderin würgt dann bei meist weitgeöffneten Kiefern, mit nur wenig angewinkelten Fühlergeißeln und erhobenem Kopf auf ihre Unterlippe einen Nahrungstropfen vor, den die Bettlerin laufend ableckt. Dazu legt diese ihre Fühlergeißeln nahe an den Futtertropfen oder trommelt mit ihnen auf den Kopf der Spenderin. Zur endgültigen Verwertung gelangt die Nahrung in den Magen, wo sie verdaut wird. Die verwertbaren Bestandteile gelangen ins Blut, die Ballaststoffe werden durch den Enddarm ausgeschieden.

Diebe und Honigtöpfe

Die winzige Diebsameise lebt vorwiegend unterirdisch. Sie legt ihre meist mit Hunderttausenden von Arbeiterinnen bevölkerten Kolonien unmittelbar neben oder sogar in den Nestern grö-

Diebsameise (kleine Buchstaben) als Einmieterin in artfremder Ameisenkolonie (große Buchstaben)

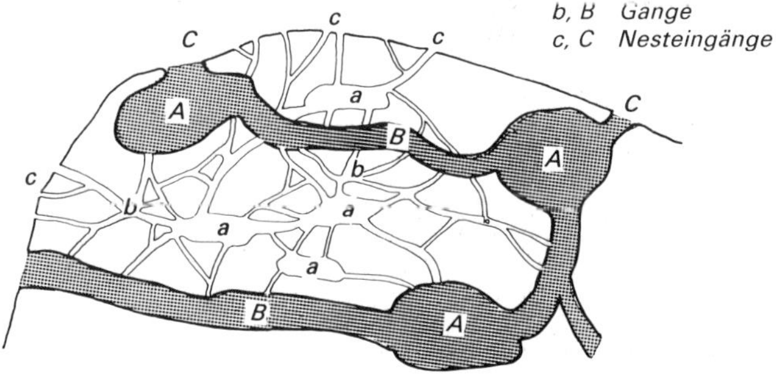

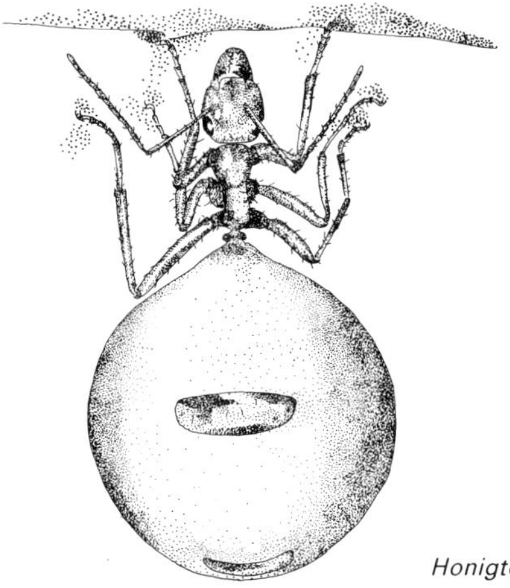

Honigtopfameise (Myrmecocystus)

ßerer Ameisenarten an. Vor allem in Kolonien von *Myrmica, Lasius* und *Formica,* aber auch anderer Gattungen quartieren sie sich ein und verbinden ihre kleinen Kammern mit zahlreichen, kaum einen Millimeter weiten Gängen, die für die Wirte zu eng sind. Die Arbeiterinnen sind viermal kleiner als ihre Königinnen. Sie gelangen durch diese schmalen Gänge zu den Kammern mit der Wirtsbrut, von der sie sich hauptsächlich ernähren. Auch Nahrungsreste werden von ihnen erbeutet, und sogar bei der gegenseitigen Fütterung zweier Wirtsameisen wagen sie sich einzumischen.
In den USA sind die Honigtopfameisen heimisch. Sie haben ihren Namen daher, daß gewisse Arbeiterinnen dieser Art einen außergewöhnlich dehnbaren Hinterleib mit einem großen Kropf besitzen, den sie bis zur Fortbewegungsunfähigkeit als lebende Vorratstöpfe zu füllen vermögen. An der Decke der untersten

Rechts: Arbeiterinnen beim gemeinsamen Beutetransport (Waldameise).

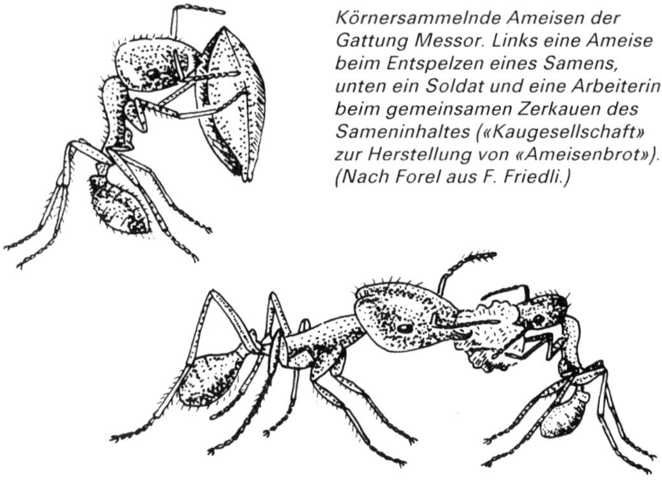

Körnersammelnde Ameisen der Gattung Messor. Links eine Ameise beim Entspelzen eines Samens, unten ein Soldat und eine Arbeiterin beim gemeinsamen Zerkauen des Sameninhaltes («Kaugesellschaft» zur Herstellung von «Ameisenbrot»). (Nach Forel aus F. Friedli.)

Nestkammern hängen solche dicken «Honigtöpfe» und geben in den langen Trockenperioden, wenn Nahrung knapp ist, von ihrem Vorrat an die Nestgenossinnen ab. Sie werden übrigens auch von Menschen gegessen und gelten als Delikatesse. Ein Wabenbau, wie ihn Bienen und Wespen zur Speicherung flüssiger Nahrung betreiben, ist bei Ameisen nicht bekannt.

Sekret verhindert Keimung

Die Ernteameisen des Mittelmeerraumes tragen, wie auch die Italienische Hausameise, zum Überbrücken längerer Trockenzeiten Samen von Getreide und anderen Gräsern ein. Diese Arten treiben jedoch nicht – wie lange vermutet wurde – planmäßigen Ackerbau. Vielmehr speicheln sie die Stärkekörner der Samen ein und wandeln sie so in eine Zuckerlösung um, die ihnen als Nahrung dient. Frühzeitiges Keimen der noch unbearbeiteten Ernte wird durch ein von den Ameisen abgegebenes

Sekret verhindert oder zumindest verzögert. Kommt es durch übermäßige Feuchtigkeit dennoch zum Keimen einzelner Körner, werden diese unverzüglich aus dem Nest entfernt. So entsteht nicht selten ein Ring von Pflanzen um den Nesteingang. Mitteleuropäische Arten dagegen, die auch beim Körnersammeln angetroffen werden können (*Formica*-Arten, Rasen-, Garten- und andere Ameisen), legen keine Vorräte an. Sie sind auch nicht an den ganzen Körnern, sondern bloß an deren eiweißreichen und ölhaltigen Anhängen (Elaiosomen) interessiert.

Setzlinge mit auf den «Hochzeitsflug»

In den Tropen und Subtropen sind die Blattschneiderameisen heimisch. Sofern sie nicht unterirdisch auf teilweise über hundert Meter langen Ameisenstraßen verkehren, kann man großköpfige Soldaten antreffen, die abgeschnittene Stücke von Laub- und Blütenblättern ins Nest tragen. Die Nester der Blattschneider sind die größten, die es überhaupt gibt; sie können mehrere Millionen Individuen aufweisen. In unterirdischen

Blattschneiderameisen. Links große Arbeiterin, in der Mitte Soldat beim Eintragen von Blättern, rechts pilzzüchtende kleine Arbeiterin.

Kammern, deren Form und Größe ungefähr einer gespreizten Handfläche entspricht, werden die Blattstücke gründlich gereinigt und zerkleinert, eingespeichelt und mit etwas Kot versehen, bis schließlich ein hochwertiger Nährboden entsteht, auf dem die Ameisen ihre Pilzgärten anlegen. Es handelt sich um Fadenpilze, deren systematische Zugehörigkeit ungewiß ist und die ausschließlich in den Kammern der Blattschneiderameise vorkommen. Die eiweißhaltigen Fruchtkörper des Pilzes dienen den Arbeiterinnen und Larven als Nahrung. In dieser engen Lebensgemeinschaft (Symbiose) sind nicht nur die Pilze von den Ameisen, sondern auch die Ameisen von den Pilzen abhängig. So ist die koloniegründende junge Königin genötigt, bereits auf ihren sogenannten Hochzeitsflug (siehe S. 64 ff.) einige «Setzlinge» und etwas Nährboden mitzunehmen.

Myrmica-Arbeiterin leckt das Sekret eines Kurzflüglers.

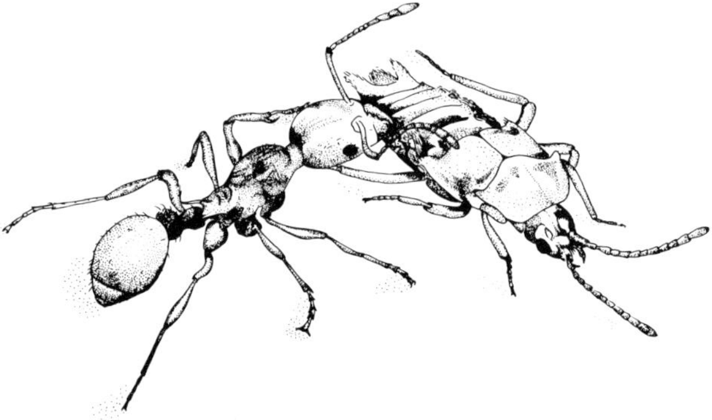

Ameisengäste

Eine ganze Anzahl von Tieren hat sich darauf spezialisiert, ihren Lebensraum mit dem der Ameisen zu teilen. Sie leben in Ameisennestern, um auf irgendeine Weise von den Ameisen zu profitieren. Solche Ameisengäste gibt es vor allem unter den Käfern (v. a. den Kurzflüglern), den Schmetterlingsraupen und Milben, aber auch bei Spinnen, Krebsen, Urinsekten, Schaben, Fliegen und Netzflüglern. Im weiteren Sinne gelten auch Läuse, Raupen und gewisse Zikaden, die dank ihren Exkrementen wichtige Nutztiere der Ameisen sind, als Ameisengäste.
Einige Kurzflügler fressen, sofern sie nicht von den Ameisen gefüttert werden, deren Brut und wohnen bereits im Larvenstadium bei den Ameisen. Sie werden geduldet, weil sie ein Sekret absondern, das für die Ameisen zwar keinerlei Nährwert hat, aber offenbar von den Ameisen sehr begehrt ist.
Auch bestimmte Milben (z. B. die Schildkrötenmilbe) werden häufig in Ameisenkolonien geduldet. Meistens halten sie sich als Parasiten an den Kopfunterseiten der Ameisen auf, wo sie sich bei der gegenseitigen Fütterung ihren Anteil holen. Die Ameisen scheint dies aber überhaupt nicht zu stören.
Der Atemeleskäfer, ebenfalls ein Kurzflügler, verbringt alle Entwicklungsstadien in Ameisenkolonien. Seine Jugendstadien im Frühjahr und Sommer durchläuft er in *Formica*-Kolonien; im Herbst zieht er als erwachsener Käfer in *Myrmica*-Kolonien um, weil nur dort auch im Winter Larvenfütterungen stattfinden, in die er sich «einschalten» kann.
Der Glanzkäfer spürt die Straßen der Glänzendschwarzen Holzameisen auf, wo er heimkehrende Arbeiterinnen anrempelt und so zum Abgeben eines Futtertropfens veranlaßt.
Gewisse Ameisengäste aus der Ordnung der Spinnen verstehen die Spuren der Wanderameisen zu lesen. Im Verlaufe ihrer Stammesgeschichte haben sie sich äußerlich ihren Wirten verblüffend gut angepaßt (Mimikry) und rauben die Brut oder Beutereste der Ameisen. Der Lomechusakäfer, wieder ein Kurzflügler, der sich mit Vorliebe bei der Blutroten Raubameise einnistet, ernährt sich von toten Ameisen, Nahrungsresten und Futtertropfen sich gegenseitig fütternder Arbeiterinnen.

Sexualität und Koloniegründung

In jungen Ameisenkolonien, die aus einer Königin und einigen wenigen Arbeiterinnen bestehen, werden zunächst nur weitere Arbeiterinnen großgezogen. Erst in etwa drei- bis fünfjährigen Kolonien entstehen die ersten Geschlechtstiere, dann aber gleich in großen Mengen: Zunächst werden Männchen, kurz darauf auch Weibchen aufgezogen. Die Kolonien der Waldameise *Formica polyctena* ziehen dagegen entweder nur Männchen oder nur Weibchen groß. Eines Tages bereiten sich zahlreiche Kolonien eines Gebietes zum Schwärmen vor. Der Zeitpunkt wird von verschiedenen Umweltfaktoren bestimmt, besonders der Jahres- und Tageszeit sowie der Temperatur. Auch die in der Regel artspezifischen Pheromone, die von den jungen Geschlechtstieren ausgeschieden werden, sorgen dafür, daß alle gleichzeitig schwärmen. Auch die Arbeiterinnen eilen dann aufgeregt auf der plötzlich von Flugameisen wimmelnden Nestoberfläche umher. Die Geschlechtstiere unternehmen nun den Hochzeitsflug. Es sind hauptsächlich die Männchen, bei gewissen Arten aber auch die Weibchen, die als erste das Nest verlassen und meist von einem erkletterten Grashalm aus eine alleinstehende hohe Tanne, einen Turm, Hochspannungs- oder Fahnenmast ansteuern. Dabei orientieren sie sich an Landmarken. Die häufigsten Arten (besonders der Gattungen *Myrmica, Camponotus, Lasius* und *Formica)* bilden Schwärme, in denen sich Tiere aus zahlreichen Nestern und oft auch verschiedener Arten zusammenfinden. Größe und Bewegungen dieser Schwärme soll übrigens — weil für Rauchwolken gehalten — schon zu einem irrtümlichen Ausrücken der Feuerwehr geführt haben.

Absturz bei der Begattung

Die Bildung solcher Riesenschwärme bringt den beteiligten Arten beträchtliche Vorteile; sie dient der Artverbreitung und führt die Geschlechtstiere aus verschiedenen Nestern zusammen (Inzuchtverhütung). Andererseits fallen im Flug viele angehende Königinnen den Vögeln zum Opfer. Während des Hochzeitsfluges kommt es nun zur Paarung. Da die Sexualduftstoffe,

Begattung (Kopula) der Geschlechtstiere einer Schmalbrustameise (Leptothorax kutteri)

mit denen die Weibchen die Männchen anlocken, in der Regel artspezifisch sind, sind Kreuzungen selten. Die Männchen fliegen die Weibchen von oben her an und halten sich an diesen fest. Kurz danach, meist noch in der Luft, heften sie sich mit den Geschlechtsorganen an die Hinterleibsspitze des Weibchens. Die Bauchseite des Männchens kommt dabei auf den Rücken des Weibchens zu liegen. Sofern das Männchen nicht um ein Vielfaches kleiner ist als das Weibchen, ist das kopulierende Paar flugunfähig und fällt zu Boden. Ein Aufprall auf Stein, selbst aus einer Höhe von über vier Metern, kann dem harten Außenskelett der Geschlechtstiere nichts anhaben. Die aus dem Schwarm zu Tausenden abstürzenden Tiere erwecken den Eindruck einer sich allmählich abregnenden Wolke, die allerdings nicht wie eine Regenwolke dahinzieht, sondern ihre Lage nach dem Wind korrigiert und stets etwa über der gleichen Landmarke «baumelt».

Nachdem das Weibchen den männlichen Samen empfangen hat, den es über Jahre hinweg zu speichern vermag, versucht es, Fuß zu fassen. Das etwas kleinere Männchen wird dabei nach hinten gekippt und hilft, meist aus eigenem Antrieb, durch Entgegenstemmen die Verkettung mit dem Weibchen innerhalb einer Minute zu lösen.

Das Signal zum Hochzeitsflug

Wahrscheinlich werden der Tag und die Tageszeit des Hochzeitsfluges hauptsächlich durch Sexualduftstoffe (Pheromone) bestimmt, die in weitem Umkreis verbreitet werden. Roßameisenmännchen beispielsweise stimulieren das andere Geschlecht mit ihrem Kieferdrüsensekret, das sie durch Bewegungen freigeben, die eine Reinigung der Fühler vortäuschen. Bei nicht weniger als sieben Arten begattungsbereiter Knotenameisenweibchen konnte Professor Buschinger in den letzten Jahren ein Verhalten feststellen, das er als «Locksterzeln» bezeichnet: Bewegungslos halten diese Tiere ihre Hinterleiber mit ausgestoßenem Stachel und offener Kloake in die Höhe und warten so darauf, begattet zu werden. Die Männchen verschiedener *Formica*-Arten sind in der Lage, ein in 15 Metern Entfernung plötzlich auftauchendes Weibchen direkt anzufliegen, um es zu begatten. Diese Fähigkeit ist noch nicht in allen Einzelheiten erforscht.

Die Männchen sterben meist bereits kurze Zeit nach der Begattung. Nur eine kleine Anzahl von Männchen und einige unbegattete Weibchen kehren in das alte Nest zurück, wo nach dem plötzlichen Aufbruch jetzt wieder Ruhe und Ordnung herrscht. Die Weibchen stehen nun vor ihrem bedeutungsvollsten Lebensabschnitt, denn sie haben für den Fortbestand ihrer Art zu sorgen. Meist unmittelbar nach dem Hochzeitsflug oder wenige Tage danach werfen die jungen Königinnen ihre unnötig gewordenen Flügel ab. In den ersten Tagen nach dem Hochzeitsflug

Rechts oben: Das frisch begattete Ameisenweibchen streift die ausgedienten und nun überflüssig gewordenen Flügel ab (Camponotus ligniperda).

Rechts unten: Junge Königin mit den ersten Eiern in ihrem selbstgegrabenen oder durch Beseitigung eines Steines freigelegten Kessel (Lasius emarginatus).

sieht man dann geflügelte und flügellose Weibchen in Wiesen, Wäldern und auf Straßen umherlaufen, wo sie vielen Gefahren ausgesetzt sind. Bei zahlreichen besonders kleinen Ameisenarten, wie zum Beispiel den Schmalbrustameisen und anderen, weniger bekannten Arten, bei denen das eine Geschlecht flügellos ist, findet keine Schwarmbildung statt. Die flügellosen Partner werden dann meist im eigenen oder in nahe gelegenen, artgleichen Nestern aufgesucht. Inzucht ist bei diesen Arten deshalb häufiger oder gar die Regel.
Die einzelnen Ameisenarten lassen sich nach dem Verhalten der frisch begatteten Weibchen in zwei Gruppen einteilen: in solche mit selbständiger bzw. mit unselbständiger Koloniegründung.

Selbständige Koloniegründung
Die junge Königin sucht sich — je nach Gewohnheit der betreffenden Art — in einem Wurzelstock, in der Erde, unter einem Stein oder an einem andern geschützten Ort einen individuellen Unterschlupf. Hier legt sie eine kleine Brutkammer, einen sogenannten Kessel, an. Nur selten graben sich einige Königinnen zusammen in einem einzigen Kessel ein. Viele Wespen- und Knotenameisen müssen diesen Unterschlupf durch einen mehr oder weniger geöffneten Gang zur Außenwelt freihalten, damit sie sich ihre Nahrung im Freien holen können.
Bei den Rasen-, den Weich- und den Diebsameisen sowie bei einigen Arten der Schuppenameisen riegeln sich dagegen die Königinnen — sie sind wesentlich größer als die Arbeiterinnen — im Kessel vollständig ein. Sie brauchen ihn nicht mehr zu verlassen, da sie monatelang von ihren Fettreserven sowie vom Abbau ihrer Flügelmuskulatur zehren und sogar einen Teil ihrer selbstgelegten Eier wieder auffressen. Es kommt auch vor, daß sie Eier an ihre heranwachsende Brut verfüttern und dabei hauptsächlich die ältesten Larven bevorzugen. So laufen sie nicht Gefahr, außerhalb ihres Brutkessels erbeutet zu werden. Die Königinnen der bereits im Juni begatteten Wegknotenameisen erhalten schon im September des gleichen Jahres ihre ersten Arbeiterinnen. Die *Myrmica*-Arten und die Roßameisen müssen jedoch mit der Brut überwintern und bis zum nächsten

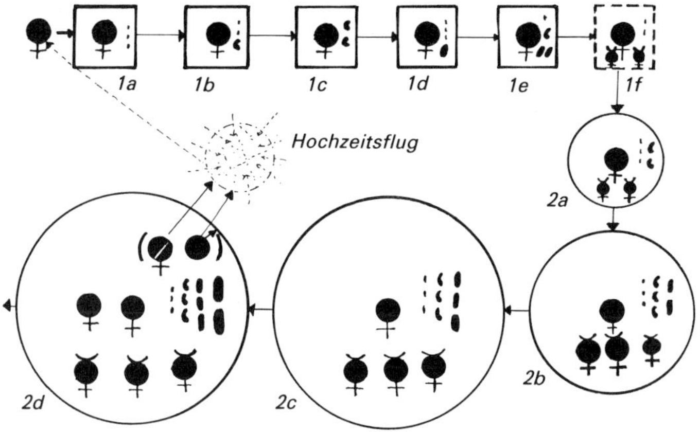

Schema der selbständigen *Koloniegründung: Das Weibchen wirft nach dem Hochzeitsflug die Flügel ab. Es beginnt in selbstgewählter Klausur mit der Eiablage (1a) und der Aufzucht von Arbeiterinnen (1b–1f). Letztere öffnen die Brutkammer und schaffen erstmals Nahrung aus der Umgebung herbei. Sie übernehmen ferner die Brutpflege sowie die übrigen Hausgeschäfte (2a–2c). Die Kolonie nimmt von Jahr zu Jahr an Individuen zu (Reifungsperiode) und geht schließlich zur alljährlich wiederholten Aufzucht von neuen Geschlechtstieren über (2d). Solche verlassen das Mutternest und treffen sich in der Regel mit Weibchen und Männchen aus andern Kolonien im Hochzeitsflug (Aus Kutter, 1969)*

Sommer auf ihre Arbeiterinnen warten. Ihr Hochzeitsflug findet nämlich später im Jahr statt, und obwohl sie sofort nach der «Einkesselung» mit dem Eierlegen beginnen, dauert es Monate bis zum Ausschlüpfen der ersten Arbeiterinnen, die ihnen den Kessel öffnen und erste Nahrung eintragen. Die Königinnen der sich Ende Juli paarenden Schwarzen Wegameisen beginnen unter natürlichen Bedingungen Mittel- und Nordeuropas erst im Frühling des kommenden Jahres mit der Eiablage. Nach beinahe einjähriger Fastenzeit erscheinen dann die ersten, durch-

wegs winzigen Arbeiterinnen. Bei den Arten, deren Königinnen keinen Gang anlegen, graben sich die jungen Arbeiterinnen aus dem Kessel, um Nahrung zu suchen. Allmählich lösen sie die Königin bei der Brutpflege ab und beginnen mit dem eigentlichen Nestbau. Mehr und mehr widmet sich die Königin nun ausschließlich dem Eierlegen. Dank der reichlichen Fütterung steigt nun auch ihre Eierproduktion, so daß ihr Hinterleib häufig ballonartig anschwillt. Unter günstigen Voraussetzungen kann die Gelbe Wiesenameise pro Tag über 100, eine Waldameisenkönigin bis 300 Eier legen, und eine Feuerameisenkönigin legt täglich bis zu 1350 Eier. Bei den meisten Arten übt die Königin durch Pheromone eine intensive Anziehungskraft auf die Arbeiterinnen aus. Große Kolonien können sich besser gegen Feinde verteidigen als kleine. Sie vermögen also Zerstörungen durch Spechte, Dachse, Rehe und Ameisenbären (nur in Amerika heimisches Säugetier) besser zu überleben und trotzen auch den Unbilden der Witterung viel besser.
Die Zeit nach dem Hochzeitsflug ist der gefährlichste Lebensabschnitt einer Ameise. Sie gräbt sich an einer mehr oder weniger geeigneten Stelle ein und verbringt dann eine lange Zeit einsam und fastend in einem Kessel, obwohl sie eigentlich auf das Sozialleben spezialisiert ist. Man schätzt, daß höchstens jedes zwanzigste Weibchen diese «Klausur» überlebt. Die verblüffende Langlebigkeit etablierter Königinnen führt Kutter unter anderem auf diese strenge Auswahl der besten Tiere zurück.

Unselbständige Koloniegründung

Besonders in Zonen mit relativ kühlem Klima haben viele Ameisenarten mannigfaltige Formen der unselbständigen Koloniebildung entwickelt. Dies gilt für fast ein Drittel der mitteleuropäischen Arten. Dabei sind die jungen Königinnen entweder auf Arbeiterinnen der eigenen Art oder (als sogenannte Sozialparasiten) auf Kolonien fremder Ameisenarten angewiesen.
Die nächstliegende Methode der abhängigen Koloniegründung ist die Bildung sogenannter Zweignester: Besonders häufig kommt dies bei den Waldameisen, zuweilen auch bei der Roten Knotenameise vor, deren Nester meist von sehr vielen Königin-

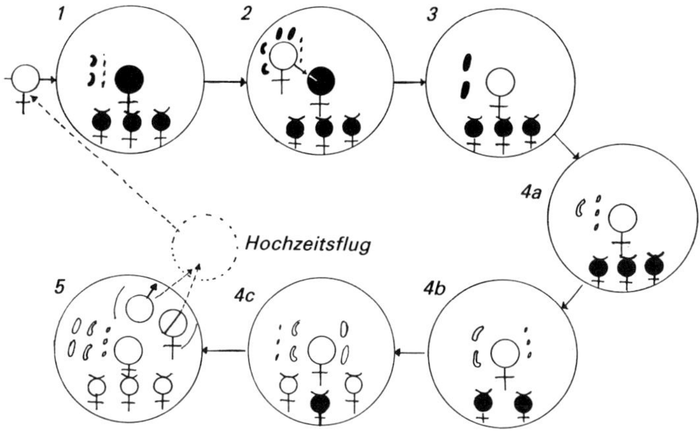

Schema der temporär sozialparasitischen Koloniegründung: Das frisch begattete Parasitenweibchen begehrt in der Kolonie einer Hilfsameisenart Einlaß (1). Es trachtet dabei die feindselige Haltung der Arbeiterinnen durch duldsames Verhalten zu beschwichtigen oder sie gewaltsam zu brechen. Hernach tötet es die legitime Königin der Hilfsameisen oder veranlaßt die Arbeiterinnen dazu, ihre eigene Nestmutter umzubringen (2). Nach vollzogener Adoption durch die artfremden Arbeiterinnen beginnt das Parasitenweibchen mit der Eiablage, doch überläßt es die Aufzucht seiner Brut ganz den Hilfsameisen (4a—4c). Nach dem Aussterben derselben müssen die Parasiten-Arbeiterinnen, die sich inzwischen vermehrt haben, den Koloniebetrieb allein übernehmen und die Brut aufziehen. Neue Männchen und Weibchen verlassen das Nest, kopulieren im Freien (Hochzeitsflug), worauf die begatteten Weibchen zur neuen Koloniegründung schreiten müssen. (Nach Kutter, 1969)

nen bewohnt werden. Ein einzelnes oder mehrere begattete Weibchen ziehen meist gleich nach dem Hochzeitsflug mit einigen Arbeiterinnen der Mutterkolonie aus und lassen sich unweit davon zur Gründung eines eigenen, neuen Staates nieder. Meist stehen diese Zweignester noch längere Zeit mit dem

Mutternest in Verbindung und haben auch den gleichen Nestgeruch.
Außer der bereits erwähnten Amazonenameise und der Zwergameise *Plagiolepis xene*, die keine Arbeiterinnen hat und deren Männchen flügellos sind, benötigen alle einheimischen sozialparasitischen Schuppenameisen nur während der Koloniegründungszeit unbedingt eine andere Ameisenart (Wirt). Zu diesen Sozialparasiten gehört die Glänzendschwarze Holzameise, die auf die Gelbe Wiesenameise *Lasius umbratus* angewiesen ist: Die Wiesenameise ihrerseits muß ihre Kolonien bei der Schwarzen Wegameise gründen. Die Waldameise *Formica rufa* kann ihre Kolonien nur mit Hilfe der Untergattung der Sklavenameisen gründen. Nicht selten kommen für ein und denselben Sozialparasiten der Schuppenameisen verschiedene Wirtsarten als Hilfsameisen in Frage.
Auch in der Unterfamilie der Knotenameisen sind viele Sozialparasiten bekannt. Diese sind nicht nur zur Koloniegründungszeit auf ihre Wirtsarten (häufig Rasenameisen) angewiesen, sondern führen mit ihnen einen ständigen gemeinsamen Haushalt. Es sind dies seltenere Arten, die großenteils keine Arbeiterinnen haben. Im Unterschied zu den Schuppenameisen kommt für jede Knotenameisenart nur eine einzige Wirtsart in Frage. Dieser «Gemeinschaftshaushalt» kann auf verschiedene Weise zustande kommen: In gewissen Fällen wird die Königin der Wirtsart getötet; damit bleibt jedoch der Parasit selber nur so lange lebensfähig, als noch Arbeiterinnen der Wirtsart vorhanden sind. Bei anderen Arten sorgen eierlegende Arbeiterinnen der Wirtsart für den Nachschub von Wirten, andere Parasiten durch Puppenraub (z. B. *Strongylognathus* bei der Rasenameise). Bei wieder anderen Arten wird die Königin der Wirtsart gar nicht erst getötet: So ist der Nachwuchs der Wirte am sichersten gewährleistet.

Ameisennester

Die Ameisen der meisten Arten bauen sich an den verschiedensten Stellen bleibende Nester; sie benützen dazu natürliche Gegebenheiten wie Baumstrünke, Höhlen oder Felsnischen und vielfältiges Nistmaterial. Eine große Ausnahme bilden die «zigeunernden» Wander- und Treiberameisen, die sich nur für eine vorübergehende Ruheperiode in eine Baumhöhle zurückziehen. Hier drängen sie sich zu einem lebenden Klumpen zusammen, der nur Gänge und Räume für die Königin und die Brut freiläßt.

Je nach Art und Alter der Kolonie bieten Ameisennester allen ihren Bewohnern — von wenigen Dutzend bei den Schmalspurameisen bis zu mehreren Millionen bei den amerikanischen Wald- und Blattschneiderameisen — gemeinschaftliche Sicherheit. Diese «Festungen» sind keine starren Gebilde, sie werden vielmehr fortwährend erweitert, ausgebessert oder umgebaut. Die Nesteingänge werden dauernd und oft stundenlang von den gleichen Soldaten oder ruhenden Arbeiterinnen bewacht, solange Temperatur und Feuchtigkeit dies erlauben.

So setzen Ameisen ihre Giftwaffen ein: Links Knotenameise, eine Spinne stechend, rechts giftspritzende Schuppenameise.

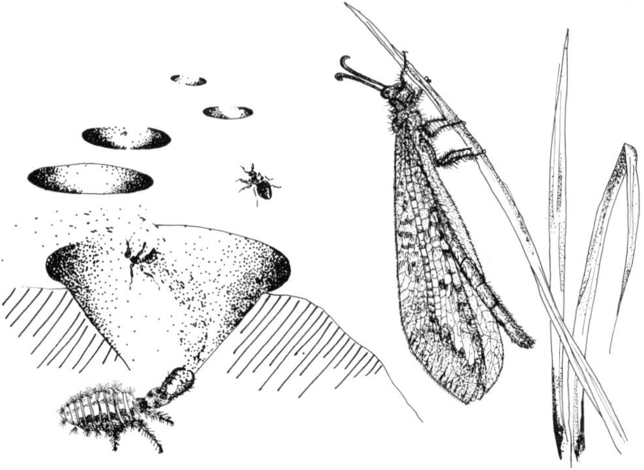

Die Larve der Ameisenjungfer, der «Ameisenlöwe», lauert im trockenen Sand auf seine Beute. Mit seinen kräftigen Scheren wirft er den Sand aus: So entsteht ein Trichter, in den die Ameisen hinunterrutschen. Rechts das erwachsene Tier.

Verteidigung gegen Feinde

Der Ameisen Nest ist ihre Burg: Nähert sich dem Bau irgendein Insekt oder ein größeres Tier, so verfügen die Ameisen über bestimmte Verständigungsmöglichkeiten chemischer Natur, um einander zu alarmieren. Durch den Duft der Pheromone (siehe auch S. 46) herbeigelockt, sind sofort Helfer zur Stelle, die baufälliges Nistmaterial herausschaffen oder neues herbeibringen; etwaige Eindringlinge werden mit Giftdrüsen bedroht. Die Wespen- und Knotenameisen (abgesehen von der Herzgaster- und der Italienischen Hausameise) besitzen zu ihrer Verteidigung einen wehrhaften Stachel; die Schuppenameisen vermögen sich mit ihren Giftspritzapparaten oft auf weitere Distanzen zu schützen. Feinde der Ameisen sind in erster Linie Ameisen anderer Arten oder gar artgleiche Ameisen fremder Völker, da-

Rechts oben: Arbeiterinnen tragen Nistmaterial (Waldameise).
Rechts unten: Erdhügel der Schwarzbraunen Wegameise.

neben aber auch Vögel (darunter viele Spechtarten), Spinnen, Ohrwürmer, «Ameisenlöwen» (Larve eines Netzflüglers), einige Käferlarven und erwachsene Käfer. Wenn der Feind in Griffnähe ist, beißen sie ihn mit den Kiefern und spritzen ihm gleichzeitig Gift in die Bißwunde, was dank der großen Beweglichkeit ihres Stielchengliedes möglich ist.

Anpassungen an das Bodenleben

Wegen der Flügellosigkeit der Arbeiterinnen sind Ameisen im Nahkampf wie im Nestbau an den Boden gebunden. Auch wenn sich zahlreiche Arten Nistplätze in Bäumen erobert haben, nimmt man heute allgemein an, daß die stammesgeschichtlichen Vorfahren der Ameisen reine Bodenbewohner waren.

Selbständig koloniengründende Königinnen finden meist in bereits vorhandenen «Unterständen» ein Versteck, das sie allerdings aufgeben, sobald ihre erstgeborenen Arbeiterinnen einen neuen, besseren Unterschlupf gefunden haben. Das Verbreitungsgebiet einer Art ist nicht nur abhängig von Ort und Zeit ihrer stammesgeschichtlichen Entstehung, sondern auch von ihren Lebensgewohnheiten und ihrem Anpassungsvermögen an die verschiedenen Gegebenheiten ihrer Umwelt. Sozialparasiten sind auf das Vorhandensein ihrer Wirtsarten angewiesen, scheue und blinde Arten auf möglichst gut getarnte, unterirdische Nistplätze, Waldameisen auf Misch- oder Nadelwälder. Innerhalb der Grenzen, die durch die Ansprüche der betreffenden Art an den Lebensraum gegeben sind, erwiesen sich die Ameisen aber im allgemeinen als sehr anpassungsfähig. Dies zeigt sich in der Wahl des Standortes (Feuchtigkeit, Klimazone) und in der Beschaffenheit des Nistmaterials und der Nestgröße. Im Gegensatz zu den Bienen und Wespen sind die meisten Ameisen beim Nestbau sehr flexibel; sie können sich stets den vorgegebenen Bedingungen anpassen.

Früher glaubte man irrtümlicherweise, daß Ameisen Ästchen abhieben und Tannennadeln abschnitten, um daraus ihre Nester zu bauen. Daher kommt auch der Name «Ameise»: Er läßt sich auf ein althochdeutsches Wort mit der Bedeutung «meißeln» zurückführen. Doch erstens bauen sich nur die Wald-

ameisen solche Haufen aus Nadeln und Holz, und zweitens tragen sie lediglich die bereits abgefallenen Nadeln zusammen.
Normalerweise leben Ameisen in selbstgegrabenen Erdgängen und -höhlen. Die mit den Kiefern nach oben beförderte Erde kann ganz verschieden abgeladen werden; dabei kommt es auf die Ameisenart, den Ort und die Jahreszeit an. Gewisse Arten verteilen ihren Aushub besonders gern in Trockenzeiten, und zwar möglichst unauffällig; andere bilden mit ihrem Aushub einen kreisrunden Krater um den Nesteingang. Ähnlich den Waldameisen benützen die Weg-, Rasen- und Wiesenameisen den Aushub zugleich als Nistmaterial zum Unterhalt des Oberbaus ihrer reinen Erdnester. Während sich die letztgenannten Arten meist einer Grasstaude als Gerüst für den Oberbau bedienen, bevorzugen die Waldameisen dazu Wurzelstöcke und Baumstrünke. Der Oberbau des Ameisennestes, der etwa so hoch ist, wie die Erdgänge tief sind, bietet zugleich Platz für neue Kammern. Diese sind an trockenen Tagen oft mit Puppenbrut gefüllt. Die Kuppelform gewährleistet einen optimalen Wärmehaushalt durch Ausnützung der Sonnenenergie.
Eine ähnliche Wirkung, vor allem jedoch einen optimalen Schutz gegen Unwetter, erreichen die zahlreichen Ameisenvölker, die ihre Nester unter Steinen anlegen. Unter ein und demselben Stein sind bisweilen Kolonien von drei bis vier verschiedenen, unabhängig voneinander lebenden Arten anzutreffen.
Als holzbewohnende Arten müssen zuerst die Glänzendschwarzen Holzameisen und die Roßameisen genannt werden. Holzameisen errichten ihre Wohnungen in bestehenden Holzräumen am Fuße alter Laubbäume; Roßameisen nagen ihre Gänge in der Regel in das frische Holz von Nadelbäumen. Nur ausnahmsweise nisten Roßameisen auch unter Steinen.
Schließlich gibt es noch die Schmalbrustameisen, die für ihre kleinen Kolonien häufig abgestorbene Ästchen ausnagen. Sie bauen ihre Nester auf Baumstrünken, unter der Borke oder unter einer Moosdecke.

Winterruhe

Im Gegensatz zu den Kolonien der einheimischen Hornissen, Wespen und Hummeln, deren Lebensdauer sich auf wenige

Sommer- und Herbstmonate beschränkt, leben die Ameisen in mehrjährigen Kolonien. Die Nester verschiedener Arten können bis dreißig Jahre alt und älter werden.
Im Winter werden die Körperaktivitäten auf ein Minimum reduziert, so daß die Lebensfunktionen stark herabgesetzt sind. Da Ameisen im Gegensatz zu unseren Honigbienen auch keine mehr oder weniger konstante Nesttemperatur aufrechterhalten, kommen sie im Winter sehr lange ohne Nahrung aus. Ameisen, die aus der Kälte in die Wärme gebracht werden, erwachen sofort und werden aktiv. Es handelt sich also nicht um einen eigentlichen Winterschlaf, sondern nur um eine sogenannte Winterruhe. Die Blutrote Raubameise und wenige andere Arten beziehen im Winter geschützte Zweitnester, und hügelbauende Ameisen ziehen sich in den Unterbau zurück. Die Nester der Ameisen kühlen in der kalten Jahreszeit nur selten auf $-2°$ C ab. Ameisen ertragen aber wesentlich niedrigere Temperaturen (bis $-10°$ C) und auch jähen Temperaturwechsel, ohne Schaden zu nehmen. Je nach Art und Temperatur beginnt das eigentliche Leben in mitteleuropäischen Ameisenstaaten erst wieder im Frühling. Königinnen von Schmalbrustameisen beginnen schon bei 7 bis 8° C mit der Eiablage, die Rotbraune Wiesenameise erst bei 13° C.

Ober- und Unterbau eines Waldameisennestes, stark vereinfacht. Die Höhe des Haufens entspricht ungefähr der Tiefe der Erdgänge. (Einzelheiten siehe Abb. Seite 81)

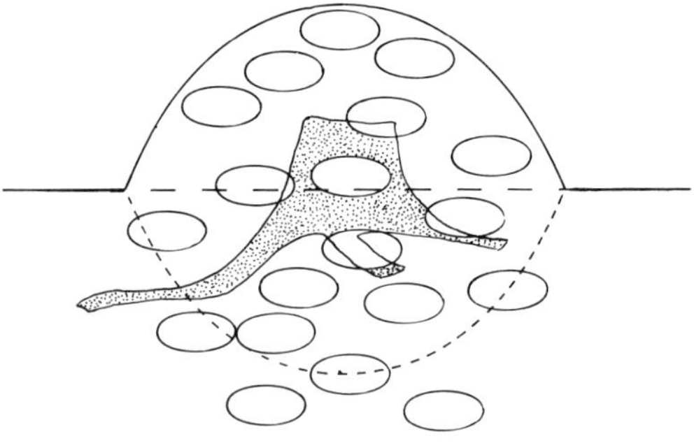

Am Hügel Wärme tanken

Die eindrucksvollsten Nesthügel werden von unseren Waldameisen gebaut. In extremen Fällen können die Hügel über einen Meter hoch werden und einen Durchmesser von 3—4 Metern erreichen. Ihre Größe ist abhängig von Alter, Art und Exposition des Nistplatzes in der Umwelt. Da sich ihre Hügel in geschützten Lagen, oft am Fuße hoher Tannen, befinden und die Kuppel mit Aststückchen zusammengehalten wird oder mit Tannadeln bedeckt ist, sind sie trotz starker Exposition wetterbeständig. Waldameisen können dank diesen Bauten die Temperatur und die damit verbundene Luftfeuchtigkeit im Nest in gewissem Ausmaß direkt beeinflussen. Viele Ameisen sonnen sich gern auf der nahezu rechtwinklig zur Sonne exponierten Hügelseite. Dabei speichern sie in ihrem Körper Wärme, die sie beim anschließenden Aufenthalt in den unteren Nestregionen wieder abgeben. Warme Luft steigt bekanntlich auf, so daß sie nun von unten nach oben das ganze Nest erwärmt, und zwar um maximal 7° C gegenüber der ringsum herrschenden Lufttemperatur. Ein weiterer Waldbewohner ist die Glänzendschwarze Holzameise. Sie fertigt ihre Kammern in den Hohlräumen von alten Bäumen selber an und benützt dazu ein fast schwarzes, kartonartiges Material. Hölldobler, der diese Art lange studierte, fand 1970 folgendes heraus: Dieses kartonartige Material der Holzameise ist nicht ein Sekret aus ihren Kieferdrüsen, wie man in Anlehnung an exotische Arten annahm, sondern von Blattläusen erworbenes Zuckerwasser. Das Zuckerwasser dient bei der Bildung dieses sonderbaren Materials als «Kitt», und ein Pilz, den man bei uns nur in den Kolonien dieser Ameisen antrifft, wirkt als «Härter» und verleiht dem Material die dunkle Farbe.

Kopf als Pforte

Der auf dem Hinterleib mit vier gelben Flecken versehene *Dolichoderus quadripunctatus,* die größte einheimische Drüsenameise, und die Pförtnerameise *Camponotus truncatus* leben mit Vorliebe in den Zweigen alter Nußbäume, deren gefächertes Mark oft schon von anderen Insekten ausgenagt wurde. Beide Arten sind eher selten, doch können sie gelegentlich auf

Nest der Roten Waldameise (geöffnet, schematisch):

A Waldameisen bauen ihre Hügelnester meist an süd-exponierten Waldrändern.
B Dieser Standort und die Kuppelform des Nestes eignen sich zum optimalen Auffangen der auftreffenden Sonnenenergie.
C Ameisenstraße zur Blattlauszucht auf einem nahe gelegenen Nadelbaum.
D Das Nistmaterial der Kuppe besteht hauptsächlich aus Tannennadeln, Ästchen, Halmen und Erde. Kuppelform und Anordnung der Nadeln bewirken das Abfließen des Regenwassers.
E Auch die Nesteingänge werden aus demselben Grunde vor Regen und Gewitter, oft auch des Nachts gegen eindringende Kälte geschlossen.
F Als Verankerung des Bauwerkes dient oft ein alter Baumstrunk.
G Nicht weniger weit als der Haufen hoch ist, reicht das Nest noch in die Tiefe, wo die Kammern und Gänge in die Erde gegraben werden.
H Die Königinnen halten sich meistens in Kammern zentraler Lage auf und werden in der Regel von zahlreichen Arbeiterinnen umsorgt.
I Eierkammer
K Larvenkammer
L Die Puppenkammern befinden sich wegen größerer Trockenheit meist in etwas höheren Nestregionen als die anderen Brutkammern.
M Wo die Friedhöfe unterirdisch angelegt werden, befinden sie sich aus hygienischen Gründen meist etwas abseits.

dem gleichen Baum vorkommen. Sie zeichnen sich durch ihren «friedlichen» Charakter aus, weichen andersartigen Lebewesen aus oder stellen sich bei Bedrohung tot, was sonst nicht typisch ist für die einheimischen Ameisenarten.
Die Bezeichnung «Pförtner»-Ameise rührt daher, daß die Soldaten (und Königinnen) mit ihren eigenartigen, abgeplatteten Köpfen die engen Nesteingänge wie mit Pfropfen verschließen können. Durch Fühlerzeichen zeigen die Arbeiterinnen — ihre Kopfform unterscheidet sich nicht auffällig von anderen Roßameisen — den Soldaten ihr Kommen an. Diese weichen dann zurück und gewähren den Arbeiterinnen Einlaß ins bewachte Nest.

A
B
C
D
E
E
D
L
L
L
F
K
I
H
I
K
I
G
M

Lebende Pforte: Die Soldaten der Pförtnerameise, Camponotus truncatus, besitzen einen großen, vorne abgeplatteten Kopf, mit dem sie den Nesteingang verschließen können. Links ein Tier von der Seite, oben rechts der Kopf von vorne im Nesteingang, täuscht eine Astbruchstelle vor (Mimikry).

Exotische Ameisenarten nisten auch in hohlen Dornen bestimmter Akazien oder in wasserspendenden Hohlräumen anderer sogenannter Ameisenpflanzen. In einzelnen Fällen sind bei diesen ökologischen Verhältnissen nicht nur die Ameisen auf ihre Wirtspflanzen angewiesen, sondern diese auch auf die Ameisen, denn die Ameisen schützen ihre Behausungen vor anderen Insekten, Pilzen und Kletterpflanzen.

Lebende «Weberschiffchen»

Eine hochinteressante Erscheinung ist der Nestbau der exotischen Weberameisen: Man findet sie in der Gattung *Oecophylla* Afrikas, Indiens und Australiens, auf Ceylon als *Polyrhachis* und in Brasilien als eine Art der Roßameisen. Jede dieser Gattungen hat unabhängig voneinander die Fähigkeit entwik-

Rechts: Kolonie der Vierfleckigen Drüsenameise in einem Nußbaumast

kelt, zu ihrem Nestbau Larven als «Weberschiffchen» zu verwenden. Noch nicht verpuppte Larven werden veranlaßt, einen Seidenfaden zu spinnen, der eigentlich der Herstellung des Kokons hätte dienen sollen. Je nach Ameisenart werden nun aber damit die Wände in den Erdnestern austapeziert, die Nesteingänge ausgekleidet, die Brutkammer vom «Friedhof» getrennt oder frische Laubblätter kunstgerecht zusammengefügt. Einzigartig ist dabei nicht nur der bei Insekten allgemein selten zu beobachtende «Werkzeuggebrauch», sondern auch die Tatsache, daß die dazu verwendeten Jungtiere zugunsten des Nestbaus ihr Leben lassen müssen.

Nestbau der Weberameisen: Mit vereinten Kräften werden zwei Blätter aneinandergefügt und mit Larven als «Weberschiffchen» zusammengenäht.

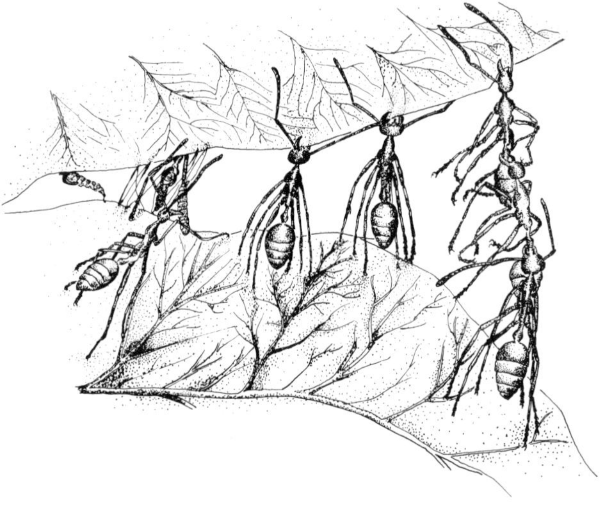

Ameisen als Haustiere

Das Leben und Treiben auch der «gewöhnlichsten» Ameisen (sofern es solche gibt) ist noch längst nicht endgültig erforscht. Auch als Laien haben wir noch zahlreiche Möglichkeiten, diese interessanten Tiere auf eigene Faust zu untersuchen und Neues zu entdecken. Daß gerade viele der berühmtesten Ameisenforscher keine Berufsbiologen sind – Auguste Forel war Psychiater, Heinrich Kutter Apotheker –, beweist, daß für dieses Forschungsgebiet weder große finanzielle Mittel noch ein intensives, vorbereitendes Literaturstudium erforderlich sind. Aus Gipsresten lassen sich sehr einfach «Terrarien» zum Beobachten der Ameisen basteln. Doch muß betont werden, daß Ameisen in keinem künstlichen Gipsapparat mehr unter den gleichen Bedingungen leben wie in der freien Natur. Die Verhaltensweisen künstlich gehaltener Tiere können also von jenen im Freiland abweichen. So sind Ameisen im Gipsnest vor natürlichen Feinden geschützt, das Nistmaterial entspricht (außer bei den Waldameisen) in der Regel nicht der Natur, und auch Sonneneinstrahlung und Temperatur sind anders als im Freien. Aufschlußreicher sind deshalb immer Freilandbeobachtungen. Auch Ameisen, die sich vornehmlich in älteren Häusern aufhalten, eignen sich gut zum Beobachten.

Welche Arten eignen sich?

Außer der Glänzendschwarzen Holzameise erweisen sich sozialparasitische Ameisen (also auch die Waldameise) in Gipsnestern als besonders heikle und labile Tiere; deshalb empfiehlt es sich, zunächst Kolonien anderer Arten zu wählen. Wesentlich besser eignen sich die Schwarzen Wegameisen, die Gelben Wiesenameisen, die Roten Knotenameisen oder – auch wegen ihrer Größe – die Roßameisen. Wer gern eine Königin finden möchte, wählt am besten Arten, deren Kolonien regelmäßig mehrere Königinnen haben, oder sucht nach dem Hochzeitsflug. Im ersten Fall empfiehlt es sich, an einem sonnigen Tag bei Erdnestern unter den Steinen Ausschau zu halten, da sich hier die Königinnen am ehesten in den obersten Kammern aufhalten.

Haben wir uns für eine solche Kolonie entschieden, stechen wir diese ganz oder teilweise mit einer kleinen Schaufel aus und schütten sie in einen umfangreichen, steil- und glattwandigen Plastikbehälter. Damit die Tiere nicht entweichen können, betupfen wir mit einem Wattebausch und Puder oder auch nur mit staubiger Erde die trockenen Wände, so daß die Tiere immer wieder daran abrutschen.

Wir bauen ein Gipsnest

Nachdem wir die Größe der Tiere und der Kolonie geprüft haben, fertigen wir einen entsprechenden Behälter an, der auf einem mit Glas gedeckten Gipsnest und einem Freilauf, der «Arena», besteht. Auf einer flach aufliegenden Unterlage aus Glas formen wir aus blaßgefärbtem Plastilin Quader und Streifen, deren Seiten sich nach oben leicht verjüngen, als zukünftige Kammern und Gänge und pressen sie gut an.

Die Größe des Nestes soll der Anzahl der gesammelten Tiere, einschließlich der Brut, angemessen werden. Die gesamte Grundfläche der Kammern können wir nach folgender Faustregel bestimmten: Wir legen in Gedanken alle Ameisen, einschließlich der Puppen und Larven, dicht nebeneinander und multiplizieren die Fläche, die auf diese Weise bedeckt würde, mit drei. Die Tiefe der Kammern sollte mindestens der Länge der Arbeiterin, besser jener der Königin entsprechen. Am Rande des Nestchens bringen wir zu seiner späteren Befeuchtung eine von den Nestkammern unabhängige «Plastilinwurst» an. In den Boden eines rechteckigen, drei bis sechs Zentimeter tiefen Kunststoffgefäßes, das die Negativformen überall deckt, bohren wir mindestens zwei Löcher von etwa einem Zentimeter Durchmesser oder schmelzen sie mit einem erhitzten Nagel heraus. Anschließend stülpen wir dieses Kunststoffgefäß als Formkasten über das Negativ und dichten den Rand zwischen Gefäß und Glasunterlage mit Plastilin ab. Auch empfiehlt es

Farbtafel rechte Seite:
Links oben: Negativform für Gipsnest
Rechts oben: So wird der Gips eingegossen
Unten: fertiges Gipsnest mit angeschlossener Arena

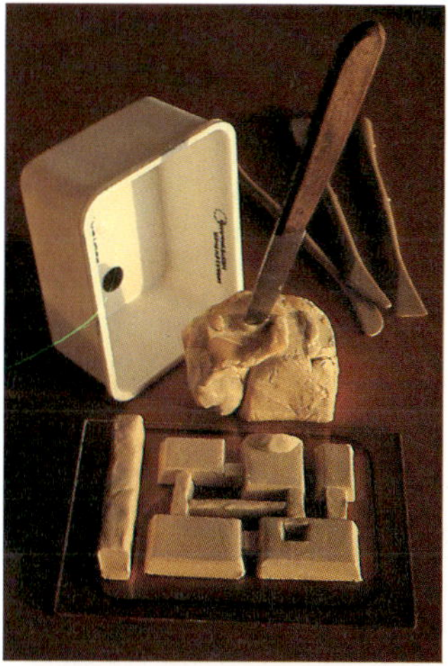

ligniperda

sich, den Trichter, der nun auf dem Einfülloch angebracht wird, auf dieselbe Weise abzudichten.
Nach diesen Vorbereitungen geben wir in ein mit vier Gewichtsteilen Wasser gefülltes biegsames Gefäß unter ständigem Umrühren fünf Gewichtsteile Modellgips. Der Gipsbrei hat die richtige Konsistenz, wenn die Rührkelle nicht mehr darin stehen bleibt. Sofort füllen wir damit den Formkasten durch den Trichter beinahe ganz auf. Damit sich der Gips in allen Zwischenräumen gut verteilen kann, bewegen wir die Glasunterlage kurz etwas hin und her.
Nach etwa zwanzig Minuten verschieben wir den Formkasten auf der Unterlage etwas und drehen ihn um. Schließlich können wir das Plastilin mit Messer und Pinzette aus den erhärteten Gängen und Kammern sorgfältig herausklauben. Um ein rasches Austrocknen des Gipsnestes zu vermeiden, wird es nie vom Formkasten losgelöst. Aus ebendiesem Grund schneiden wir auch das Fensterglas auf das Format der ganzen Nestoberfläche zu. Diese Methode gewährleistet weiterhin den Zugang zu jeder Randkammer, sobald die Deckscheibe waagrecht leicht verschoben wird. Mit Klebestreifen kann ein unbeabsichtigtes Verrutschen vermieden werden.

Für die «Arena» verwenden wir eine Schale von beliebiger Größe mit glatten Innenwänden. Damit die Ameisen nicht ausrutschen, übergießen wir den Boden mit etwas Gips. Die zweckmäßigste Verbindung von Nest und Arena ist ein durchsichtiges, vier bis acht Zentimeter langes Plastikrohr von etwa einem Zentimeter Durchmesser. Mit einem Holzbohrer, der genau auf den Außendurchmesser dieses Rohres abgestimmt ist, bohren wir durch eine Wand der Arena und durch das Gipsnest in etwa gleicher Höhe ein Loch.
Nun legen wir das noch feuchte, mit dem Glas und einem schwarzen Filz bedeckte Gipsnest ohne Arena in den Plastikbehälter mit den gesammelten Ameisen. Ohne weiteres Zutun wird die Kolonie mit der Brut das Nest innerhalb von einer Stunde beziehen. Schließlich können wir das Nest an die Arena ankoppeln. Deren Innenwände sind bepudert, damit die Ameisen nicht hinaufklettern und entfliehen können.

Die Tiere gewöhnen sich recht bald an ihre neue Wohnung, so daß sie bald nicht mehr versuchen, über die Arenawand zu klettern, und auch auf Erschütterungen immer weniger reagieren.

Die Betreuung der Ameisen

Zur Betreuung der Ameisen in ihrem Gipsbehälter gehört auch das Füttern und gelegentliches Befeuchten. Durch monatliches Einfüllen von Wasser in die dazu vorgesehene Kammer erreichen wir im Nest eine ziemlich ausgeglichene Luftfeuchtigkeit. Solange die Deckscheiben anlaufen, ist der Gips noch zu feucht, doch sollte er auch nicht zu trocken gehalten werden: Beige gefärbter Gips ist gut, weiß gefärbter ist zu trocken. Gefüttert werden die Tiere ein- bis zweimal wöchentlich. Wenn wir das Futter immer am gleichen Ort hinstellen, so wird in den meisten größeren Kolonien sofort eine Duftspur angelegt. Damit die Ameisen nicht in ihrem Futter ertrinken, verabreichen wir die Nahrung am besten auf einem flachen Deckelchen in einem Wattebausch. Mit Zuckerwasser verdünnten Bienenhonig (z. B. durch Schütteln in einem Reagenzgläschen) haben die meisten Ameisen besonders gern. Gelegentlich muß auch etwas Eiweiß (z. B. in Form von Fleisch) gegeben werden.
Wer nun zum Beobachten der Ameisen ein Vergrößerungsgerät benützt, wird neben den interessanten Lebenserscheinungen auch Details wie die Behaarung und überhaupt die selten bekannte Schönheit dieser Tiere entdecken

Literatur

* zum Weiterstudium besonders empfohlen

Brian, M. V. (1977): Ants, William Collins Sons & Co. Ltd., Glasgow
Dumpert, Klaus (1978)*: Das Sozialleben der Ameisen, Parey, Berlin und Hamburg
Escherich, Karl (1917): Die Ameise, Vieweg, Braunschweig (vergr.)
Forel, Auguste (1948): Die Welt der Ameisen, Rotapfel, Zürich
Goesswald, Karl (1963): Der Ameisenstaat als Vorbild für den Menschenstaat?, aus «Erziehung und Beruf», März 1963, Freiburg i. Br. (vergr.)
– (1965): Die Ehrfurcht vor dem Leben angesichts der Tierstaaten, aus Hippokrates 36, 12, S. 472–478, Stuttgart. (vergr.)
Goetsch, Wilhelm (1953): Die Staaten der Ameisen, Springer, Berlin, Göttingen, Heidelberg (vergr.)
Kutter, Heinrich (1968): Liste sozialparasitischer Ameisen, aus «Archives» XXXIII Nouvelle Série 1967, S. 201–210, Institut Grand-Ducal de Luxembourg
– (1969)*: Die sozialparasitischen Ameisen der Schweiz, Neujahrsblatt der Schweiz. Naturforschenden Gesellschaft, Leemann, Zürich
– (1977)*: Hymenoptera, Formicidae, Insecta Helvetica, Fauna Bd. 6 der Schweiz. Entomologischen Gesellschaft, Zürich
Stitz, Hermann (1939)*: Hautflügler oder Hymenoptera I: Ameisen oder Formicidae, in: Die Tierwelt Deutschlands und der angrenzenden Meeresteile, G. Fischer, Jena

Sachwortverzeichnis

Kursiv gedruckt sind alle Ameisennamen
f. = auch folgende Seite; ff. = auch folgende Seiten